KB148391

영화로 만나는 패션

영화로 만나는 패션

신혜원·김희라 지음

교문사

PREFACE

21세기 세계화된 정보사회, 특히 4차 산업혁명시대를 맞이하면서 기초적이며 보편적이고 융합적인 사유와 능력을 기를 수 있는 교양교육의 중요성이 강조되고 있다. 이에 대학에서는 인문사회학적 소양과 과학적 지식의 융합 그리고 사회에서 필요한 인성을 갖춘 글로벌한 창의적 인재를 양성하기 위한 교양과목 개발에 노력을 기울이고 있다.

의류학은 인문사회과학, 자연과학, 예술을 포함하는 응용학문이자 실용학문으로 다른 학문과 연계가 용이하지만 현재 대부분의 의류학 관련 교양과목은 개론이나 디자인, 환경, 건강, 심리, 색채와 같이 의류학의 한 영역만을 다루는 내용으로 주로 구성되어 있으며 다른 학문과 연계 시도가 거의 없는 실정이다. 따라서 의류학도 다른 학문과 연계를 시도할 필요가 있다. 영화는 시각과 청각을 통해 대중에게 이야기하는 예술로 대중에게 큰 영향을 미치고 최근 체험을 중요시하는 라이프 스타일에 따라 많은 관심을 받고 있어서 영화를 활용하여 많은 영역에서 교양수업이나 창의성수업 등을 진행하고 있다. 그러므로 패션에 영화를 접목하는 것은 학생들에게 패션에 대한 흥미를 유도하고 이해를 높이기 위한 좋은 방법으로 생각되어 영화를 통해 패션을 이야기하는 〈영화로 만나는 패션〉이란 의류학 관련 교양과목을 개발하였다.

〈영화로 만나는 패션〉 교양과목은 2015년 1학기부터 강의가 개설되어 현재까지 운영 중으로 이 책은 교재로 사용하기 위해 그동안 강의한 내용을 정리한 것이다. 강의 내용은 학생들의 패션에 대한 이해를 높이기 위해 영화라는 대중매체를 활용하였으므로 패션에 초점을 두고 구성하였다. 총 10장으로 1장 패션과 영화의 만남에서는 패션과 영화에 대한 개념과 패션과 영화가 서로를 어떻게 활용하게 되는지 그리고 영화 의상에 대한 내용을 다루고 있다. 2장에서는 1930년대 이후 현재까지 유행이 된 영화 속 패션 스타일을 살펴봄으로써 대중문화로서의 영화와 패션의 상호관계를 이해하도록 하였다. 3장에서는 패션이미지에 대한 기본적 이해를 바탕으로 영화 속 캐릭터에 표현된 패션이미지를 분석하였고, 4장에서는 색채가 가지는 이미지와 상징성이 영화 의상에 어떻게 표현되었는지, 5장에서는 의복을 통한 성의 상징이 영화 의상에 어떻게 나타나는지를 다루었다. 영화 속 복식을 통해 무성의 언어인 패션이 나타내는 상징성을 이해하고 이를 통해 자신이 원하는 이미지를 창출해내는 능력과 실제 사회생활에서 의복과 관련된 문제에 대한 응용력과 비판력을 키우도록 하였다. 6장에서는 영화 의상의 간접광고에 대한 내용을 다루었고, 7장에서는 영화의 소재가 될 정도로 유명한 패션디자이너에 대해 살펴보았다. 8장에서는 특정한 시대를 배경으로 하는 영화를 통해 대표적인 서양의 고대 이집트, 그리스, 로마, 르네상스 시대, 로코코 시대, 1920년대의 복식, 즉 시대적 복식의 특징을 살펴보았다. 9장에서는 우리나라의 전통복식에 대한 내용을 다룸으로써 글로벌한 사회에서 우리 문화에 대한 자부심을 가지고 홍보할 수 있는 능력을 기르도록 하였고, 10장에서는 중국 청나라 복식과 일본 게이샤 복식을 영화를 통해 살펴봄으로써 다른 문화권에 대한 이해를 높이고자 하였다.

이 책을 통하여 영화와 패션에 관심이 있는 학생들이 영화 의상을 통해 패션에 대한 이해를 높여 보다 폭넓은 시야로 영화와 패션 모두를 즐길 수 있기를 기대한다.

수많은 시청각자료를 활용하여 강의를 진행하면서 교수자와 학습자 모두 교재의 필요성을 느꼈으나 저작권에 대한 우려로 교재가 쉽게 나오지 못하였다. 사용 가능한 홍보용 영화 포스터와 스틸 컷, 퍼블릭 도메인의 사진들을 이용하다 보니 더 좋은 사진 자료를 넣지 못한 것이 아쉬움으로 남는다.

끝으로 바쁜 일정에도 불구하고 이 책이 나올 수 있게 도움을 주신 교문사 관계자 여러분들께 감사드린다.

2019년 11월

저자 일동

CONTENTS

CHAPTER 1

패션과 영화의 만남

1 패션이란

새로운 것을 추구하고 끊임없이 변화하는 특징을 가진 패션은 의복뿐 아니라 음식, 가구, 전자제품 등 모든 분야에 존재한다. 그러나 우리는 패션이라고 하면 일반적으로 의복을 떠올리는데 이는 의복의 변화가 가장 빠르고 가시적이기 때문이다. 우리는 수많은 새롭고 변화하는 패션 속에서 살아가고 있는데 모든 새로운 것들이 패션이 되는 것은 아니며 새롭게 제시된 스타일 중 사회의 가치관이나 관습, 도덕성 등에 적합하다고 인정되는 것만이 패션이 된다. 패션은 새로움의 추구를 위해 창출된 후 많은 사람들이 적합하다고 인정하면서 선택되어 인기를 얻다가 일정 시간이 지나면 사라진다. 그러므로 패션은 일정한 시기에 소비자에게 인정받아 집합적으로 받아들이는 의복 스타일이라고 할 수 있다.

패션은 대상과 과정의 두 가지 측면에서 생각해 볼 수 있다. 패션을 대상으로 보는 것은 현재 어떤 스타일이 가장 지배적인지, 즉 미니스커트, 스키니 진, 롱 원피스, 히피 스타일, 로맨틱 스타일처럼 유행하는 스타일이 무엇인지 알아보고, 이는 왜 새로운 스타일로 변화하는지 또 어떻게 변화하는지 패션의 변화에 대해 살펴보는 것이다. 패션을 과정으로 보는 것은 사회 안에서 패션이 누구에서 출발하여 어떤 과정을 거쳐 사회 내 지배적인 스타일이 되는지에 중점을 두어 살펴보는 것으로, 새로운 스타일이 대중에게 어떻게 전파되고 수용되는지 패션의 확산에 대해 알아보는 것이다. 우리는 패션을 좀 더 잘 이해하기 위해 패션의 변화와 확산 두 가지 측면에서 접근해 볼 필요가 있다.

패션의 변화

변화의 원인

패션은 끊임없이 변화하는데 이러한 변화는 왜 일어나는 것일까? 패션은 싫증이나 호기심, 전통에 대한 반발심, 자기표현욕구의 충족과 같은 심리적 요인에 의해 변화한다. 싫증은 주로 생활에 여유가 있거나 유행과 외모에 관심이 많은 사람에게서 강하게 나타난다. 호기심, 모험심, 탐구심 등은 새로운 것에 대한 열망으로 변화를 추구하는 것으로, 나이든 사람보다는 젊은이에게 더욱 강하게 나타난다. 전통에 대한 반발심에 의해 일어나는 변화는 싫증이나 호기심보다 더욱 강하게 작용하며 특히 청년기에 강하다. 젊은 층을 중심으로 일어난 1960년대의 히피 스타일, 1970년대의 펑크 스타일, 1980년대의 힙합 스타일이 대표적인 예이다. 사람들은 자기표현욕구를 충족시키기 위해 자신이 원하는 패션을 선택한다.

우리 모두는 마음속에 구별욕구와 동조욕구를 가지고 있는데 사람에 따라 구별과 동조 욕구의 차이가 있어 한 사회 안에는 구별욕구가 큰 집단과 동조욕구가 큰 집단이 함께 존재한다. 구별욕구

전통에 대한 반발로 시작된 히피 스타일

가 큰 집단은 새로운 스타일을 만들어 남들과 차별화하려고 노력하고, 이에 매력을 느끼는 동조욕구가 큰 집단은 이를 수용함으로써 패션은 확산된다. 즉 사회적 구별욕구와 동조욕구는 패션의 창조와 형성의 원동력으로 패션이 만들어지고 변화하는 것이다. 인간은 수많은 사람들 중에 자신이 특별해 보이길 바라는 마음으로 자신만의 패션을 선택하고, 사람들과 어우러지고 싶은 욕구에 의해 패션을 따라하게 된다. 이러한 인간의 이율배반적인 욕구 때문에 패션이 존재하면서 패션 안에서 다양한 디자인이 요구된다.

변화의 패턴

패션은 트렌드가 한 방향으로 결정되면 그 방향으로 서서히 변화한다. 패션이 급격히 변화하지 않고 조금씩 변화하는 데는 경제적 이유와 심리적인 이유가 있다. 패션이 급격하게 변화하면 현재 갖고 있는 의복을 모두 폐기하고 새 유행 스타일을 구입해야 하므로 경제적인 부담이 크기 때문에 유행은 서서히 점진적으로 변화한다. 심리적으로는 사람들은 변화와 안정의 추구라는 두 가지 상반된 욕구를 갖고 있어 너무 급격한 변화를 원하지 않기 때문이다. 따라서 특별한 경우를 제외하고는 서서히 변하는 것이 일반적이다.

점진적으로 변화하는 패션은 더 이상 같은 방향으로의 변화가 불가능한 극단에 이를 때까지 변화가 진행된다. 예를 들어 미니스커트는 속옷이 보일 정도에 이를 때까지 짧아지며, 스키니 진도 더 이상 좁아질 수 없을 때까지 다리에 밀착된다.

이처럼 극단에 이른 패션은 새로운 변화를 시도할 때 지금까지 진행된 방향으로 되돌아가지는 않는다. 바로 전 단계의 패션은 새로운 느낌을 받기 어렵고 초기 수용집단과 지난 시즌의 후기 수용집단과의 차별화가 어렵기 때문이다. 예를 들어 1960년대의 미니스커트는 극단까지 짧아지고 난 후 전혀 다른 스타일인 판탈롱이 선택되었고 다시 스커트가 유행되었을 때는 클래식한 무릎 길이의 스커트가 받아들여졌다. 패션 스타일이 극단에 이르렀을 때는 이전과는 다른 스타일로 혹은 클래식한 스타일을 통해 새로운 패션이 시작된다.

패션의 확산

패션전파이론

수많은 패션들은 어떻게 퍼져 나갈까? 과거 신분사회에서는 왕족이나 귀족들의 상류계급 패션이 하류계급으로 퍼져 나가는 것이 일반적이었지만 산업사회로 접어들면서 현대에 이르기까지 패션은 다양한 방법으로 전파되고 있다. 대표적으로 하향전파이론, 수평전파이론, 상향전파이론, 집합선택이론과 하위문화집단별 집합선택이론이 있다.

_하향전파이론

패션전파이론 중 가장 고전적 이론이다. 상류계층은 우월한 지위에 대한 상징으로 아래 계층과 구별되는 패션을 시도하며, 아래 계층은 계층상승의 욕구 때문에 위 계층을 나타내는 패션을 모방한다는 것이다. 1960년대 퍼스트레이디 재클린 케네디의 재키룩이 일반 대중 패션에 영향을 미친 것을 그 예로 들

〈재키, 2016〉에서 패션 리더의 역할을 했던 퍼스트레이디의 재키룩

수 있다. 현대사회에서도 여전히 패션이 하향전파되는 경우가 많다.

_수평전파이론

20세기 이후 대량생산으로 다양한 경제계층의 사람들이 동시에 패션을 받아들일 수 있는 사회가 되면서 나타난 이론이다. 서로 접하는 기회가 적은 다른 계층 간의 패션 전파보다는 자신이 속한 계층 내에서 자주 접하는 패션리더를 모방함으로써 패션의 확산이 이루어진다는 이론이다. 패션리더는 각 계층에 분포되어 있어 동일한 사회적 지위를 갖는 동료 중 패션 혁신성이 강한 사람의 영향을 받는다는 이론이다. 블로그, SNS 등에는 수많은 패션리더가 있고 이들은 비슷한 연령, 취미, 소비 성향, 라이프 스타일의 사람들에게 영향을 미친다.

_상향전파이론

사회의 주류가 아닌 하위문화집단, 즉 흑인, 소수민족, 노동계급, 청소년 등의 집단이 유행을 일으키고 이것이 상류계층에 영향을 미쳐 전 사회 내에 전파된다는 이론이다. 상향전파되는 스타일은 유행이 확산되면서 오히려 가격이 상승되기도 한다. 18세기 조선시대에 극단의 짧은 저고리는 기생들 사이에서 유행하였고 점차 양반가의 여인에게로 확산되었다. 또한 19세기 광부들의 청바지는 대중에게 유행되었고, 최근 낡아서 찢어진 청바지는 고가 유명 브랜드에서 선보이면서 유행하였다.

_집합선택이론

유사한 생활양식과 사고방식, 대중매체의 발달에 의한 패션정보의 대중화, 대량생산에 의한 마케팅 환경의 동질화 등에 의해 대중은 취향이 동질화되어 한 사회 내에서 동시에 같은 스타일을 선택하게 된다는 이론이다. 패션

2002년 월드컵에서 빨간 티셔츠를 입고 응원하는 사람들

리더의 역할은 크지 않고 패션에 대한 사회의 영향을 강조한 것이다. 2002년 월드컵에서 빨간색 티셔츠가 급속도로 퍼져 나가 함께 입었고, 세월호 사건으로 온 국민은 노란색 리본을 함께 부착하여 슬픔을 나누기도 하였다.

_하위문화집단별 집합선택이론

힙합 스타일

1980년대 이후 타인 지향적 가치에서 자기 중심적 가치와 다양한 개성이 인정되는 사회 분위기의 변화에 따라 하위문화집단마다 그들만의 독특한 패션이 집합선택된다는 이론이다. 즉 개성이 강한 다양한 패션이 한 사회 내에 공존하게 된다는 것으로 이는 패션시장이 세분화되며 개성이 강한 캐릭터 브랜드가 증가하는 경향을 잘 설명해준다.

유행확산곡선

패션은 새롭게 창조되어 대중에게 소개되고 유행한 후 점차 소멸된다. 새로운 스타일이 제시되었을 때 사회 안의 모든 사람들이 동시에 새로운 스타일을 착용하는 것은 아니다. 새로운 것을 추구하는 사람들로부터 유행에 민감한 사람들에게 전파되고 대중에게 확산됨으로써 유행이 절정에 이르게 되는 것이다. 이와 같은 과정을 그래프로 나타낸 것이 유행확산곡선이다. 유행확산곡선은 시점별로 특정 스타일을 착용한 소비자의 수를 파악하여 연결한 곡선이다. 확산 정도에 따라 소개 단계, 가시도 증가 단계, 동조 단계, 사회적 포화 단계, 쇠퇴 단계로 나눌 수 있다.

_소개 단계(소개기)

패션제품이 생산자에 의해 패션점포에 소개되고 혁신성이 높은 패션리더가 채택하는 단계이다. 당시의 유행하는 스타일과는 차별화된 새로운 실루엣, 소재, 디테일, 색 등의 상품을 소개한다. 상품이 독특하고 희귀한 반면, 가격대가 높다. 소개기의 패션제품은 잠재적 유행상품으로 사라질 수도 있고, 대중에게 확산되어 유행할 수도 있다.

_가시도 증가 단계(상승기)

새로운 유행 스타일을 착용하는 사람들이 점차 증가하여 사회적 가시도가 증가하는 시기이다. 생산자는 광고나 디스플레이 등을 통하여 홍보를 하고, 일반 소비자도 새로운 유행 스타일에 관심과 흥미를 갖기 시작한다. 상승기에서의 유행 스타일은 새롭다는 느낌이 강하다.

_동조 단계(가속기)

흥미를 가졌던 일반 사람들이 구매하기 시작하면서 수요가 급격히 증가하는 시기로 유행 스타일은 새롭다기보다는 적합하다는 느낌을 준다. 사회적 적합에 대한 인정이 이루어지면서 동조욕구가 일어나며 사회 내 확산속도가 급격히 빨라진다. 또한 이 시기에는 시장에 공급되는 제품이 그 스타일

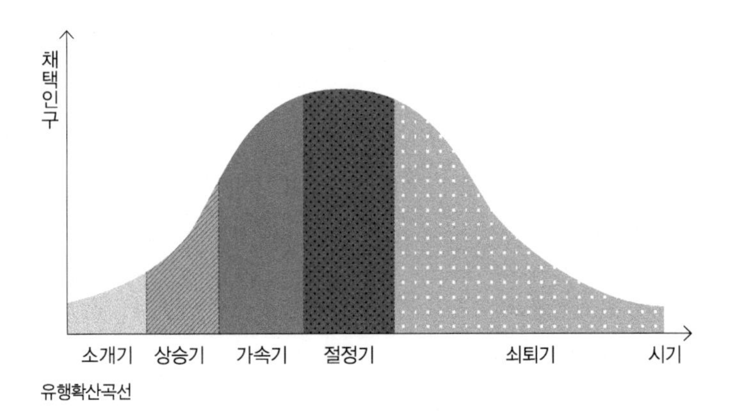

유행확산곡선

로 제한되는 경우가 많아 대량공급에 의한 제품의 증가로 동조에 대한 사회적 압력도 증가한다. 즉 소비자의 동조욕구와 함께 사회적 압력, 시장압력 등은 채택인구를 증가시켜서 사회 내 확산을 가속화시킨다.

_사회적 포화 단계(절정기)

구매력이 있는 사람들이 거의 다 구매한 시기로 소비자들의 수용정도가 최고 수준에 달하는 단계이다. 착용할 만한 소비자는 거의 모두 착용한 단계로 매일 쉽게 볼 수 있는 스타일로 더 이상 새롭거나 참신하게 인식되지 않는 단계이다. 사회적 포화는 싫증과 변화의 욕구를 증가시켜 하락의 원인이 된다.

_쇠퇴 단계(쇠퇴기)

절정에 이르렀던 패션제품이 사라지는 시기이다. 사회적 포화는 그 스타일에 대한 싫증과 지루함을 유발하고 새 옷을 사는 사람들은 더 이상 그 스타일을 찾지 않기 때문에 수요가 급감한다. 생산자는 신제품을 소개하면서 하락기에 있는 스타일의 공급중단을 통해 폐용을 촉진시킨다. 동시에 포화가 되지 않은 지역의 마케팅 활동을 촉진하거나 가격을 크게 할인하여 재고를 소진하고자 한다.

2 영화란

영화란 이야기를 시각과 청각으로 표현하는 예술로 초기 무성영화시대부터 현재 디지털영화시대에 이르기까지 기술의 발달과 함께 대표적인 대중매체로 발전을 거듭해왔다.

영화의 역사

무성영화시대

움직임에 대한 관심이 영화로 연결되면서 1895년 3월 19일 최초로 촬영한 〈공장을 나서는 노동자들〉을 시작으로 하여, 1895년 12월 28일 뤼미에르

〈공장을 나서는 노동자들, 1895〉

〈라 시오타역에 도착하는 기차, 1895〉의 배경이 된 프랑스 La Ciotat 역

형제가 파리 그랑 카페의 지하에서 관객 33명에게 1프랑의 입장료를 받고 시네마토그래프 〈라 시오타역에 도착하는 기차〉 등을 처음 공개했다. 이러한 초기의 영화들은 무성영화로 대부분 몸으로 표현하는 코미디나 서부영화가 대부분이었다.

유성영화시대

무성영화는 변사의 해설이나 생음악 연주 등으로 소리를 보완하였지만 라디오의 등장으로 밀려나기 시작했다. 이에 위기를 느끼고 영화에 소리를 위한 투자가 시작되었다. 영화에 음성을 입히기 시작한 것은 1920년대 후반이다. 1927년 〈재즈 싱어〉는 큰 성공을 거두며 유성영화 시대의 막을 올렸다.

유성영화시대의 시작을 알리는 〈재즈 싱어, 1927〉

컬러영화시대

유성영화의 출현 이후 흑백영화 위주였던 영화계에서 1939년 〈바람과 함께 사라지다〉는 컬러영화로 크게 성공한다. 그러나 컬러영화는 애니메이션, 뮤지컬, 시대극 등 시각효과를 필요로 하는 장르에서 주로 만들고 비용이 많이 든다는 이유에서 많이 제작되지 않았다. 그러다가 1950년대에 이르러 TV의 보급으로 인해 영화시장이 위협을 받기 시작하자 흑백 TV

컬러 영화 〈바람과 함께 사라지다, 1939〉는 패션에 대한 관심을 불러일으켰다.

와의 경쟁력을 위해 컬러영화의 제작이 증가하기 시작하면서 대부분의 영화가 컬러영화로 제작되었다. 이러한 컬러영화의 보급은 영화 속 패션에 대한 관심을 불러일으키게 되었다.

고전영화시대

〈사브리나, 1954〉

컬러와 동시녹음 등 고전영화의 틀은 1950년 이후 완성되었다. 최전성기를 누렸던 미국의 영화산업이 TV에 관객을 빼앗기자 영화계는 TV와의 경쟁에서 살아남기 위해 더욱 선명한 색채, 웅장한 사운드, 거대한 스크린으로 차별화를 시도했다. 이 시기에 영화들은 대중의 사랑을 받았고 수많은 영화계의 스타들을 배출했으며 이들의 패션은 지금까지 주목받고 있다.

디지털영화시대

셀룰로이드 필름이 사라지고 디지털 장비와 컴퓨터 프로그램이 등장하였다. 이러한 디지털영화는 무한 복제가 가능하고 보다 현실적인 색감과 소리의 재현으로 몰입강도가 더욱 높아졌다. 아울러 디지털영화는 Imax, 3D, 4D, 홀로그램 등 다양한 접근으로 재미가 풍부해지고 있다. 〈아바타, 2009〉, 〈슈퍼맨, 2016〉, 〈알라딘, 2019〉 등의 영화는 3D 전용관에서 관람이 가능하며 4D의 경우 의자가 흔들리고 바람이 나오기도 한다. 이외에도 다양한 기법이 시도되고 있는데, 최근 〈보헤미안 랩소디, 2018〉는 싱어롱 전용관에서 상영함으로써 관객에게 큰 감동을 주었고, 시청자의 선택에 따라 스토리 전

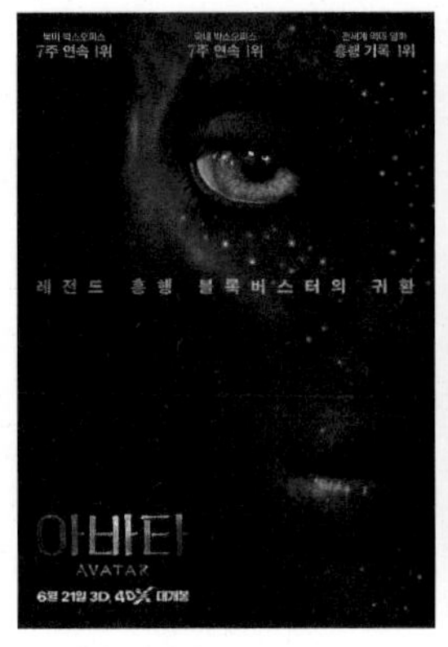

3D 영화 〈아바타, 2009〉

3D 영화를 보는 관객들

개가 바뀌는 〈블랙 미러: 밴더스내치(Black Mirror: Bandersnatch), 2018〉와 같은 영화도 등장하였다.

한국 영화의 역사

우리나라에서 영화가 처음으로 대중에게 상영된 것은 1903년 인천 창고에서 영미연초회사가 담배를 선전하기 위한 것이었다. 이후 1909년 한성전기회사 동대문 창고에 상설관을 두고 전차 승객을 늘리기 위해 초기의 미국 영화를 많이 상영하면서 본격적으로 영화가 상영되었다.

최초의 우리나라 영화는 1923년 윤백남이 발표했던 〈월하의 맹세〉이다. 이 작품은 일본이 식민지 정책의 일환으로 조선총독부를 통해 저축을 장려하기 위한 일종의 선전영화였다. 순수한 영화의 시작은 김도산의 〈국경, 1923〉이다.

1935년에는 이명우가 최초의 유성영화인 〈춘향전〉을 발표하였다. 1936년에는 신여성의 일탈을 다룬 〈미몽〉이 파격적인 주제로 사회의 이슈가 되기

서울에서 12만 관객을 동원한 〈춘향전, 1955〉

도 했다. 6·25 전쟁 이후 잠시 주춤했던 영화계는 1950년대 후반에 이르러 활발한 활동을 재개하는데 1955년 이규환의 〈춘향전〉은 당시의 영화 시장 규모로 볼 때 놀라운 기록인 10만 명 이상의 관객을 동원한다. 1959년 한국 영화 사상 처음으로 한 해 제작편수가 100편을 넘어서는 등 영화계는 활황을 맞이하게 되지만, TV의 보급으로 영화산업의 불황은 우리나라에도 영향을 미치게 된다.

천만 관객을 동원한 〈명량, 2014〉

1970년대는 한국 영화의 침체기였다. TV의 전국적인 보급과 유신체제 하의 가혹한 검열로 영화 시장은 침울하고 위축된 시기를 맞으면서 지나치게 소비적이고 상업적인 방향으로 흐르게 되었다. 이장호의 〈별들의 고향, 1974〉에 이어 성인물 중심의 영화들이 주류를 이루었다.

1980년대 후반에 한국 영화 시장의 뉴웨이브 시대를 맞이하게 된다. 비디오가 본격적으로 보급되기 시작하면서 영상 문화에 대한 수요가 폭발적으로 증가하였고, 개방적 민주사회로의 방향 전환에 힘입어 보다 자유로운 영화제작 분위기, 경제적 성장, 의식구조의 다양화로 인해 다양한 영화의 표현을 가능하게 하였다.

1990년대 이후 한국 영화는 다양한 장르의 영화가 나오면서 르네상스를 맞이하였다. 21세기에 이르러 한국 영화계는 놀라운 성장을 거듭하고 있는데 영화 한 편에 천만 관객 동원 등 새로운 역사를 쓰고 있다.

3 패션과 영화의 만남

패션에서 영화로 다가가기

보이는 것이 중요한 패션과 영화의 만남은 패션 쪽에서 먼저 영화에 다가갔다. 영화가 나타나기 전에는 신문, 잡지, 사진엽서 시리즈 등으로 패션을 알렸다. 그러나 움직임이 있는 영화가 나오면서 영화는 패션을 널리 알리는 새로운 방법으로 사용되었다.

최초의 패션영화는 1910년 2월 런던에서 상영된 〈Fifty Years of Paris Fashions 1859~1909〉이며, 1911년 〈All-British Fashions Exhibition at Kensington Gore〉라는 패션영화도 만들어졌다. 뉴스영화사인 Pathé사는 1910년 뉴스영화 일부분에 패션을 소개했지만 1911년 말에는 다가올 패션을 알리는 시리즈 형태의 짧은 필름을 만들기 시작했다. 1913년 11월 런던의 스칼라 극장에서는 〈Kinemacolor Fashion Gazette〉를 개봉하였다. 이 영화는 Abbey Meehan이라는 패션 저널리스트가 Natural Colour Kinematograph사와 공동 제작한 것으로, 여배우와 사교계의 숙녀들이 영화의 모델이 되어 최신 유행 패션을 보여주는 것이 목적이었다.

제1차 세계대전 이후 패션과 영화의 주도권은 유럽에서 미국으로 많이 넘어갔다. 1917년 Pathé사 미국 지부는 〈Florence Rose Fashions〉라는 아주 간단한 스토리를 갖는 시리즈 영화를 New York Evening Mail의 패션편집담

당인 Florence Rose의 감독 하에 만들었다. 이는 패션계에 커다란 영향을 미쳤다. 지방에서 영화가 상영되기 전에 영화 평론이 신문에 실렸고 지방에 있는 미국여성들은 이를 신문에서 읽고 모델이 입은 스타일을 보기 위해 극장으로 갔으며 신문에는 그 옷을 살 수 있는 곳을 상세히 알려 주었다.

당시의 패션영화들은 시리즈 영화로, 단순한 의상 전시로 패션을 알리는 것이 주목적이었다. 그러나 영화의 발전이 거듭되고 영화 시장이 확대되면서 영화 속 주인공들에 대한 관심이 높아지고 이들의 패션이 주목을 받으면서 패션시장에까지 영향을 주게 되었다.

영화에서 패션으로 다가가기

〈클레오파트라, 1917〉에서 주인공은 자신이 만든 옷을 입고 출연했다.

영화 초기 시대

20세기 초반까지 영화에서 의상은 그다지 중요한 요소가 아니었다. 영화를 위한 별도의 의상 제작이 일반화되지 않던 시절, 영화에 캐스팅된 배우들은 스스로 필요한 의상을 직접 마련하는 것이 일반적이었으며 배우들에게 있어서 적합한 옷을 찾아내는 것은 중요한 일 중의 하나였다.

할리우드 스튜디오 시스템 시대

미국의 경우 제1차 세계대전으로 인해 경제적 풍요를 누리며 1920년대

중반 영화가 미국의 주요한 산업으로 발전하였다. 이에 보다 많은 이윤을 얻기 위해 할리우드는 스튜디오 시스템을 도입하면서 모든 것을 계획하고 통제하였다. 1920년대 후반 경제 대공황으로 직장을 잃은 여성들이 가정으로 돌아갔는데, 시간이 많아진 여성들이 영화관을 찾으면서 오히려 영화 시장은 호황기를 맞게 되었다. 이에 할리우드는 최대의 이윤을 목표로 대량생산과 대량판매를 위해 스튜디오 시스템을 본격화하였다.

영화 의상 분야의 전문 인력이 영화의 완성도에 기여할 수 있을 것이라고 판단한 할리우드는 배우의 의상만 전담하는 디자이너들과 계약을 맺기 시작했다. 스튜디오에 전속된 대표적인 의상 디자이너로는 아드리안(Adrian), 트래비스 반튼(Travis Banton), 오리 켈리(Orry Kelly), 에디스 헤드(Edith Head), 윌리엄 트래빌라(William Travilla), 월터 플렁킷(Walter Plunkett) 등이 있었다. 대부분의 스튜디오는 디자이너와 재단사, 봉제사 등 세분화된 분야의 전문가들로 이루어진 독자적인 의상부서가 있었고, 할리우드 소속 배우들은 이곳에서 만든 의상을 입었다. 이로써 1920년대 말부터 영화 의상이 본격적으로 부각되기 시작하였다.

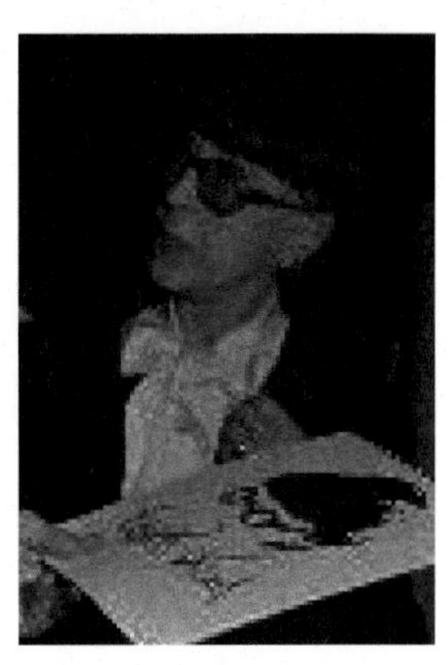
영화 의상 디자이너 에디스 헤드

1930년대는 미국 영화 시장의 활황으로 영화 의상이 패션을 이끌며 대중패션으로 확산되기 시작했으며, 파리 디자이너 컬렉션보다 할리우드 영화가 더욱 중요한 역할을 했다. 유명 여배우들과 할리우드 전속 디자이너를 연결한 시네 모드의 조성으로 관객들은 영화 의

〈모로코, 1930〉
트래비스 반튼이 디자인한 마를렌느 디트리히의 턱시도를 입은 남장 차림인 매니시 룩을 보여주는 영화

상에 관심이 많아지게 되었다. 많은 영화 의상들이 잡지를 통해 이슈가 되었으며, 'Modern Merchandising Bureau'라는 잡지는 스타와 시네마 모드를 발표하면서 영화 의상을 대중에게 알렸다. 할리우드는 영화 의상에서도 수익을 내기 위해 1930년 뉴욕 Macy's 백화점과 최초의 시네마 패션 상점을 계약하였으며, 이로써 영화 속 스타일이 대중의 유행에 영향을 미치기 시작하였다.

1930년대 영화 의상은 영화 제작 시기와 상영 시기의 기간이 달라 유행을 타지 않는 영화 의상을 만드는 것이 중요했으며, 영화 검열(the hays code: 노출 검열)을 고려하면서 관객에게 볼거리를 제공하여 대중의 관심과 모방을 유도하였다.

1939년 시작된 제2차 세계대전으로 영화제작이 어려워지자 이러한 영화 의상 시스템에 변화가 요구되었고, 이에 1940년대에는 현실생활에 근접한 스타일의 영화 의상으로 변화하게 되었다. 전쟁 이후 경기 활황으로 잠시 할리우드 스튜디오 시스템이 재개되어 1948년까지 전쟁 전 수준을 회복하였다. 그러나 1950년대 TV 보급 등으로 영화시장이 축소되면서 할리우드 스튜디오 시스템의 시대는 점차 막을 내리게 된다.

패션 디자이너 협업 시대

1949년 아카데미 의상상의 신설은 영화 의상 분야의 독립된 발전과 관심에 더욱 힘을 실어주었다. 1950년대 이후 영화 산업의 불황으로 영화 의상 디자이너들이 할리우드 스튜디오 시스템과의 전속계약에서 나오면서 1953년에 의상 디자인 조합(Costume Design Guild)을 결성하였고, 영화 의상 디자이너인 아드리안, 트래비스 반튼, 오리 켈리, 에디스 헤드, 윌리엄 트래빌라, 월터 플렁킷 등이 디자인한 영화 의상들이 주목 받았다. 이 당시 엘리자베스 테일러(Elizabeth Taylor), 마릴린 먼로(Marilyn Monroe), 그레이스 켈리(Grace Kelly), 오드리 헵번(Audrey Hepburn) 등이 패션에 영향을 주는 스타로 떠올랐다. 엘리자베스 테일러는 〈젊은이의 양지, 1951〉에서 몸매의 약점을 감춘 에디스 헤드의 의상을 입어 화제가 되었다. 마릴린 먼로가 〈7년만의 외출, 1955〉에서 입은 윌리엄 트래빌라 디자인의 플리츠 홀터 넥 드레스는 패션에 무관심한 관객들에게도 친숙한 의상으로 기억되고 있고, 〈뜨거운 것이 좋아, 1959〉에서 오리 켈리는 먼로의 육감적인 몸매를 돋보이게 하는 화려한 의상을 선보여 아카데미 의상상을 수상했다.

영화 의상 디자이너 외에 파리의 패션 디자이너들도 활약했는데 지방시(Hubert de Givenchy)와 오드리 헵번, 피에르 발맹(Pierre Balmain)과 소피아 로렌, 이브 생 로랑(Yves Henri Donat Mathieu-Saint-Laurent)과 까뜨린느 드뇌브(Catherine Deneuve) 등 파리의 패션 디자이너와 영화배우 간의 협력으로 디자이너와 배우 모두 대중의 큰 관심을 받았다. 특히 지방시는 〈사브리나, 1954〉에서 오드리 헵번과 인연을 맺기 시작했는데, 헵번은 〈화니 페이스: Funny Face, 1957〉, 〈티파니에서 아침을: Breakfast at Tiffany's, 1961〉, 〈샤레이드: Charade, 1963〉, 〈마이 페어 레이디: My Fair Lady, 1964〉 등에서 지방시의 모던하고 절제된 우아함을 자신의 이미지와 훌륭히 결합시켜 1950~60년대 젊은 여성들에게 선망의 대상이 되었고, 오드리 헵번 스타일을 만들어냈다. 1952년부터 57

〈7년만의 외출, 1967〉
마릴린 먼로의 홀터 넥 원피스

〈티파니에서 아침을, 1961〉
오드리 헵번과 지방시

년까지 Jolie Madam 컬렉션을 개최하면서 1950년대 모던 엘레강스 디자인을 선도한 패션 디자이너 피에르 발망은 〈여류 백만장자: The Millionairess, 1960〉에서 이탈리아 배우 소피아 로렌의 의상을 담당하였다. 이브 생 로랑은 까뜨린느 드뇌브를 뮤즈로 삼아 〈세브린느: Belle de Jour, 1967〉 등에서 영화 의상을 디자인하였다.

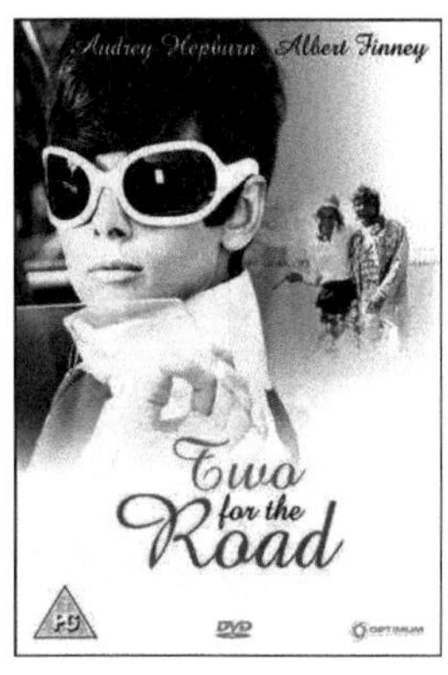

〈언제나 둘이서, 1967〉
파코 라반의 기성복을 입은 오드리 헵번

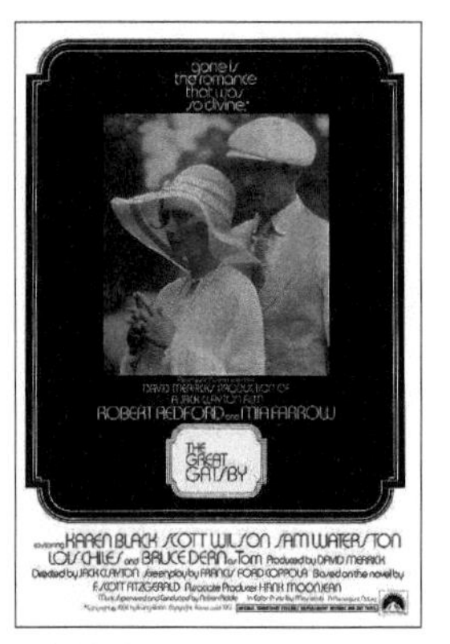

〈위대한 개츠비, 1974〉
랄프 로렌의 기성복 협찬

기성복 협찬 시대

TV의 출현으로 침체된 영화계에서 1960년대는 스튜디오 체계가 거의 없어지고 배우들이 기성복을 생산하는 디자이너의 매장에서 의상을 구입하기 시작했다. 1950년대에 우아한 꾸뛰르 의상을 선택했던 헵번도 〈언제나 둘이서: Two for the Road, 1967〉에서는 파코 라반(Paco Rabanne), 메리 퀀트(Mary Quant) 등 다양한 디자이너의 기성복 의상을 입고 출연했다.

1970년대에는 시대극이나 무대의상의 일부를 제외하고는 영화 의상으로 특별히 디자인되는 일이 줄었고, 기성복을 빌리거나 브랜드와의 연합이 많아졌다. 유명 디자이너들은 자신의 작품을 패션쇼에서 선보이거나 매장에 전시하는 것보다 영화를 통해 소개하는 것이 훨씬 효과적이라는 것을 잘 알고 있었고, 배우들 역시 배역에 맞는 이미지를 위해 유명 브랜드와 손을 잡았다.

랄프 로렌은 〈위대한 개츠비: The Great Gatsby, 1974〉에서 로버트 레드포드(Robert Redford)에게 고전적인 우아함과 현대적 아름다움을 갖춘 폴로(Polo)를 입힘으로써 개츠비 룩을 탄생시켰다. 또, 우디 앨런(Woody Allen) 감독의 〈애니 홀, 1977〉에서 긴 컬러의 화이트 셔츠, 넥타이, 남성용 베스트, 검은 테 안경과 중절모로 연출한 다이앤 키튼(Diane Keaton)의 매니시 룩 역시 호평 받으며 랄프 로렌 브랜드를 알리는데 크게 성공하였다. 조르지오 아르마니(Giorgio Armani)도 〈아메리칸 지골로: American Gigolo, 1980〉, 〈언터처블: The Untouchables, 1987〉 등에서 이탈리아 패션 붐을 일으키며 자신의 브랜드를 알렸다. 이처럼 패션 디자이너들은 영화를 통해 자신의 브랜드를 홍보하였다.

다수 브랜드 협찬과 간접광고 시대

과거에는 한 배우가 한 영화에서 입는 브랜드가 한두 개였다면 이제는 한 영화에서 수많은 브랜드를 입는다. 대중의 관심을 이용해 패션업계에서는 광고의 목적으로, 영화 제작업계에서는 제작비용을 충당할 목적으로 영화 의상을 간접광고로 활용하면서 한 영화에 수많은 패션 브랜드들이 참여하게 되었다. 이로 인해 현재는 배우들을 스타일링하는 영화 의상의 간접광고 시대를 맞고 있다.

〈악마는 프라다를 입는다, 2006〉 샤넬 캡과 목걸이, 미우미우 셔츠, 로드리게스 블랙 탑

〈키카, 1993〉에서는 지아니 베르사체, 장 폴 고티에, 조르지오 아르마니, 폴 스미스가 주인공 4명의 의상을 각각 담당해 캐릭터를 표현하였다. 〈악마는 프라다를 입는다, 2006〉에서는 샤넬, 캘빈클라인, 프라다, 베르사체,

〈도둑들, 2012〉
다수 브랜드의 간접광고

도나 카란(Donna Karan), 발렌티노 등이, 〈인턴, 2015〉에서는 세린느(Celine), 발렌시아가, 아제딘 알라이아(Azzedine Alaia), 밴드 오브 아웃사이더(Band of outsiders) 등 수많은 브랜드가 참여하였다.

국내에서는 1990년대 초반부터 한국 영화의 붐과 함께 영화 의상 담당이란 타이틀과 책임이 생겨났다. 2010년 이후 한국 영화시장의 확대로 영화 의상에 대한 관심 역시 높아짐에 따라 수많은 브랜드가 협찬하였다. 〈도둑들, 2012〉에서는 크리스찬 디올, 샤넬, 쇼메 등 많은 브랜드가 간접광고를 하였다.

4 영화 의상이란

영화 의상이란 영화의 극적인 효과를 높이기 위해 영화배우가 착용하는 모든 종류의 복식을 말하는데, 의복은 물론 액세서리, 가방, 신발, 헤어스타일 등을 포함한다. 영화 의상은 영화에 기여하는 중요한 독립적 분야로 내부적 요소와 외부적 상황을 표현하는 시각적 언어로 표현적 의미를 갖고 있다. 이러한 영화 의상은 캐릭터를 표현하고 영화의 배경을 알리는 역할을 한다.

캐릭터 표현

영화 의상은 무성의 언어인 의복이 갖는 상징성을 이용해 다양한 캐릭터를 표현할 수 있다. 영화 의상으로 캐릭터의 성별, 나이, 성격, 취향, 심리, 행동, 직업, 사회적 지위 등 다양한 정보를 나타낸다.

〈모던 타임즈, 1936〉
찰리 채플린은 헐렁한 바지, 몸에 끼는 작은 재킷, 크고 낡은 구두, 중절모와 지팡이로 블랙코미디를 위한 자신만의 캐릭터를 완성했다.

〈금발이 너무해, 2001〉
금발과 칠부 소매의 분홍색 슈트의 사용으로 밝고 긍정적인 캐릭터를 표현했다.

액션영화 〈본 시리즈〉의 맷 데이먼(Matt Damon)처럼 배우들은 절제된 디자인과 몸에 피트 되는 옷으로 단련된 몸매를 잘 드러나게 하여 액션 장면을 돋보이게 한다.

〈설국열차, 2013〉
열차라는 공간에서 의복으로 계층을 표현했다.

〈마이 페어 레이디, 1964〉
사회적 지위의 변화를 의상으로 표현했다. 헵번의 의상을 디자인한 세실 비튼(Cecil Beaton)이 1965년 아카데미 의상상을 받았다.

영화 배경 표현

영화 의상은 영화의 배경이 되는 시간, 장소, 상황, 계절, 지역, 시대 등을 표현한다. 즉 영화 의상으로 스토리가 전개되는 배경을 알 수 있다. 특히 시

〈러브 액츄얼리, 2003〉
크리스마스 시즌을 표현했다.

〈공동경비구역, 2000〉
군복으로 남한과 북한을 표현했다.

〈세익스피어 인 러브, 1998〉
르네상스 시대 의상을 고증하여 만든 영화로, 배경이 16세기임을 알 수 있다. 거대하고 압도적인 의상을 입은 엘리자베스 여왕은 여우조연상을 수상했다.

〈스캔들, 2003〉
조선시대가 반영된 한복이지만 시대의 사실성보다는 스토리에 맞게 현대적 감각으로 재해석하였다.

〈AI, 2001〉
미래시대나 가보지 못한 공간을 상상력을 발휘해 영화 의상으로 표현했다.

〈미드나잇 인 파리, 2011〉
1920년대로 여행을 하는 영화로, 사실적으로 표현된 1920년대의 복식과 현재의 복식을 함께 볼 수 있다.

대를 표현하는 경우 영화 의상은 사실주의적 의상과 영화적 사실주의 의상으로 표현된다. 사실주의에 입각한 영화 의상은 기본적으로 고증을 바탕으로 제작되며 사실을 근거로 벌어지는 역사극에 주로 사용된다. 영화적 사실주의에 바탕을 둔 시대 영화 의상은 실제와는 달라도 영화에서 무리가 없이 이해되는 것이다. 시대적 근거가 허용하는 범위 내에서 현대적 감각을 적용하여 제작되며, 시대는 배경으로 사용하고 그 안에서 상상으로 꾸며낸 이야기를 다루는 영화에서 주로 사용된다. 이 외에도 영화 의상은 영화의 다른 모든 요소와 어우러져 영화 전반의 스토리를 이끌어 나가며 영화 전체의 이미지를 형성한다.

영화 의상상

아카데미 의상상

아카데미(오스카)상은 1927년 미국 내의 영화 진흥을 목적으로 창립된 미국 영화 · 예술 · 과학 아카데미에 의해 1929년 이후 매년 2월 전년도 영화를 기준으로 시상한다. 아카데미 의상상은 1949년부터 시작되었다. 1958년과 1959년을 제외하고 1967년까지는 흑백영화와 컬러영화로 나뉘어 각각 의상상이 시상되었고, 그 이후는 구분 없이 시상되고 있다. 시대 복식을 표현한 영화 의상이 아카데미 의상상의 대부분을 차지하고 있다.

대종상 의상상

현재 우리나라의 경우 영화시장이 폭발적으로 증가하며 영화에 많은 관심이 쏠리고 있으나 영화 의상의 중요성을 인식한 것은 그리 오래되지 않았다. 1990년대 초반부터 한국 영화 붐이 일면서 영화 의상 담당이란 타이틀이 생겨났다.

대종상은 한국영화인총연합회가 주최하는 영화상으로 1962년 시작되었다. 대종상에 의상상이 포함되기 시작한 것은 1991년 특별 부문상으로 의상 부문에서 이해윤이 〈은마는 오지 않는다, 1991〉에서 수상한 것을 시작으로, 1992년부터 의상상이 시작되어 김영주, 하용수가 〈사의 찬미, 1991〉에서 의상상을 받았다. 1995년과 1998년을 제외하고 현재까지 시상을 한다. 대부분 시대극에서 많은 수상이 이루어진 것을 볼 수 있다.

〈그대 안의 블루, 1992〉에서 의상상을 수상한 지춘희와 〈정사, 1998〉, 〈텔 미 썸딩, 1999〉, 〈스캔들, 2003〉, 〈황진이, 2007〉에서의 정구호 등 영화 의상 부문에 디자이너 진출이 꾸준히 증가하는 추세이지만 영화 의상 부문에서 활약하는 전문적인 영화 의상 디자이너는 많지 않은 실정이다. 한국 영화 시장의 규모가 확대되는 만큼 영화 의상 분야 역시 보다 전문적으로 발전할 것이다.

대종상 의상상을 수상한 영화

영화 제목	수상 연도	의상 담당	영화 배경
은마는 오지 않는다	1991	특별부문상(의상상) 이해윤	20세기 중반 6·25 전쟁
사의 찬미	1992	김영주, 하용수	1920년대 일제강점기
그대안의 블루	1993	지춘희, 이경희	당시
그 섬에 가고 싶다	1994	권유진	20세기 중반 6·25 전쟁
금홍아 금홍아	1996	이해윤, 허영	1930년대
창	1997	권유진	현대 애니메이션
아름다운 시절	1999	MBC 미술센터	20세기 중반 6·25전쟁
이재수의 난	2000	봉현숙	20세기 초
비천무	2001	김민희	고려
무사	2002	황바오룽	고려
성냥팔이 소녀의 재림	2003	임선옥	SF, 판타지
스캔들–조선남녀상열지사	2004	정구호, 김희주	조선시대
혈의누	2005	정경희	조선시대
음란서생	2006	정경희	조선시대
타짜	2007	조상경	현대
황진이	2008	정구호	조선시대
좋은놈, 나쁜놈, 이상한 놈	2009	권유진	1930년대
방자전	2010	정경희	조선시대
황해	2011	채경화	현대
광해, 왕이 된 남자	2012	권유진, 임승희	조선시대
관상	2013	심현섭	조선시대
군도–민란의 시대	2014	조상경	조선시대
상의원	2015	조상경	조선시대
덕혜옹주	2016	권유진 외	일제강점기
박열	2017	심현섭	일제강점기
인랑	2018	조상경, 손나리	미래(2029년)

CHAPTER 2

유행이 된 영화 속 패션 스타일

1 1930년대 / 1940년대

경제공항과 세계대전의 여파로 패션계에서는 나일론 등의 실용적인 소재와 밀리터리 룩이라 불리는 테일러 슈트가 등장했다. 영화계에서는 사려 깊고 강한 여성의 이미지를 가진 마를렌 디트리히(Marlene Dietrich)와 그레타 가르보 등이 대표적인 배우로 활동하였다. 영화 〈모로코, 1930〉에서 주인공인 마를렌 디트리히는 카페에서 일하는 가수인 에이미 역을 맡아 트래비스 반튼이 디자인한 턱시도를 입어 대중의 주목을 받았다. 사회적 분위기가 여자의 턱시도 차림을 허용하지 않아 큰 유행으로 이어지지는 않았지만 당시 상당한 이슈가 되었다. 영화 의상 디자이너 아드리안(Adrian)이 〈어 우먼 오브 어페어스, 1928〉에서 제작하여 가르보(Garbo)가 착용했던 슬라우치 해트(Slouch hat)는 일명 가르보 해트라고 불릴 만큼 대중의 관심을 받았다. 이는 부드러운 소재의 챙이 있는 모자로, 챙의 넓이와 모양, 소재 등을 조금씩 달리하면서 스크린 안팎에서 애용되어 오랫동안 그녀의 시그니처 아이템이 되었으며, 〈Camille, 1936〉에서 타조 털로 가장자리를 장식한 유제니 해트(Eugenie hat) 또한 인기를 끌었다. 〈레티 린턴, 1932〉에서는 아드리안이 조안 크로포드(Joan Crawford)를 위해 어깨가 넓고 허리가 잘록한 러플 장식의 흰 오건디 드레스를 디자인하였는데, 이는 레티 린턴 드레스로 일컬어지며 영화 개봉과 동시에 Macy's 백화점에서 5만 벌이나 팔릴 만큼 대유행을 하였고, 영화가 등장한 이후 유행에 가장 큰 영향을 미친 작품으로 평가되고 있다.

〈어느 날 밤에 생긴 일, 1934〉
클라크 케이블이 속옷 없이 입은 와이셔츠

〈카사블랑카, 1942〉
트렌치코트, 테일러 슈트를 입은 험프리 보가트와 잉그리드 버그만

당시 할리우드의 왕으로 불리던 최고의 인기 배우 클라크 게이블(Clark Gable)은 〈어느 날 밤에 생긴 일, 1934〉에서 속옷을 입지 않고 맨살에 직접 와이셔츠를 착용하였는데 이를 본 대중이 와이셔츠 밑에 속옷을 입지 않아 속옷 시장에 큰 타격을 주었다고 한다. 〈카사블랑카, 1942〉에서는 오리 켈리가 디자인한 테일러 슈트를 입고 있는 잉그리드 버그만(Ingrid Bergman)과 트렌치코트를 입은 험프리 보가트의 모습을 많은 사람들이 기억하고 있다. 영화뿐만 아니라 배우들의 일상 패션도 영향력을 갖게 되었는데, 캐서린 햅번(Katharine Hepburn)은 페미니스트의 상징으로 노년까지 매니시한 팬츠와 재킷 등을 고집하였으며 이는 많은 여성들에게 영향을 주었다.

2 1950년대 / 1960년대

이 시기는 과학기술과 경제발전이 가속화되었고 1957년 구소련이 최초의 우주선을 발사하면서 우주시대의 서막을 알리며 활기찬 분위기가 형성되었다. 1950년대 TV의 보급으로 잠시 제동이 걸렸던 영화는 컬러영화의 제작으로 위기를 극복하였고, 이러한 컬러영화는 영화 속 패션에 대한 대중의 관심을 불러일으켰다. 즉 영화 속 스타들의 의상이 대중에 미치는 영향력이 커졌다. 특히 1949년 아카데미상에서 의상상 수여가 시작되면서 영화에서 의상이 중요한 역할을 하게 되었고 영화 의상은 유행에 큰 영향을 미치게 되었다. 이 당시 영화 의상은 패션을 주도하던 파리의 패션 디자이너들과 협업하면서 활기를 띠게 된다.

당시 오드리 헵번, 마릴린 먼로, 제임스 딘(James Dean) 등은 패션리더로 그들이 입었던 영화 속 의상은 지금까지 대중에게 회자되고 재조명받고 있다. 오드리 헵번은 할리우드의 유명 의상 디자이너인 에디스 헤드가 의상을 담당했던 〈로마의 휴일, 1953〉에서 뱅 스타일의 헤어와 당시에 유행했던 뉴룩을 발랄하게 소화했다. 오드리 헵번의 의상을 주로 담당했던 패션 디자이너 지방시는 〈사브리나, 1954〉에서 프랑스 파리 '보그' 지에서 일하는 주인공 사브리나 역을 맡은 오드리 헵번을 통해 화려한 패션을 선보였는데 칠부길이의 스키니 바지는 사브리나 팬츠로 대중의 사랑을 받았다. 또한 〈티파니에서 아침을, 1961〉에서 검은색 시스 드레스와 진주 목걸이, 검은색 선글

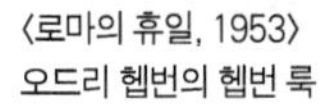
〈로마의 휴일, 1953〉
오드리 헵번의 헵번 룩

〈나이아가라, 1953〉
마릴린 먼로의 원피스

2013년 메이시 백화점의 먼로 원피스

라스 등 수많은 유행 아이템을 만들며 헵번 룩을 탄생시켰다.

1950년대는 코르셋 착용으로 인한 여성의 곡선미가 강조되던 시기이기도 했다. 이러한 곡선미를 나타내는 대표적인 배우인 마릴린 먼로는 하얀 피부에 금발로 지금까지 대표적 섹시함의 아이콘이다. 〈7년만의 외출, 1955〉에서 통풍구에서 휘날리는 흰색 홀터 넥 원피스, 〈나이아가라, 1953〉의 빨간색 원피스 등 수많은 패션으로 대중의 관심을 받았다. 〈나이아가라, 1953〉에서의 빨간색 원피스는 2013년 미국 메이시 백화점에서 먼로 원피스로 다시 선보이기도 했다.

또한 전후 풍요로운 사회에서 성장한 10대들이 그들만의 독특한 틴에이저 패션을 형성하게 된다. 그중 대표적인 틴에이저 패션아이콘으로 제임스 딘을 꼽을 수 있는데 제임스 딘은 〈이유 없는 반항, 1955〉에서 빨간색 가죽 봄버, 넘겨 빗은 제임스 딘 헤어스타일 등으로 지금까지 패션에 영향을 주고 있다.

1956년 아카데미 의상상을 수상한 〈모정, 1955〉에서 제니퍼 존스(Jennifer Jones)는 차이니스 스타일을 유행시켰으며, 프랑스 슈즈 브랜드 레페토는 실생활에 신을 수 있도록 변형한 발레 슈즈를 브리짓 바르도(Brigitte Bardot)의

〈이유 없는 반항, 1955〉
제임스 딘의 빨간 가죽 봄버

다시 유행한 제임스 딘의 빨간 가죽 봄버

〈보니 앤 클라이드, 1967〉
페이 더너웨이의 보니 룩

이름을 따서 플랫 슈즈 비비로 대중에게 선보였다.

〈보니 앤 클라이드, 1967〉는 대공황 시대의 실제 은행 강도였던 보니와 클라이드의 만남과 죽음에 이르기까지를 그린 범죄 영화로, 영화 속에서 베레모와 스웨터, 트위드 스커트를 조화시킨 페이 더너웨이(Faye Dunaway)의 스타일은 보니 룩으로 커다란 유행을 이끌었다.

3 1970년대 / 1980년대

1970년대는 석유파동, 인권, 여성운동 및 환경문제 등 다양한 이슈가 대두되었고 의복이 착용자의 가치관과 라이프 스타일을 나타내는 하나의 도구로 사용되었다. 〈러브 스토리, 1970〉는 20대 남녀의 비극적인 사랑을 그린 영화로 미국 아이비리그의 패션인 프레피 룩을 선보였다. 〈애니 홀, 1977〉의 의상은 랄프 로렌이 담당하였는데, 긴 칼라의 화이트 셔츠, 넥타이, 남성용 조끼와 중절모, 검은 테 안경 등으로 표현한 여자 주인공 다이앤 키튼(Diane Keaton)의 매니시 룩은 당시 여성운동과 함께 60년대 히피 패션에 의해 형성된 유니섹스 패션으로 대중의 관심을 얻었다.

또한 미국에서 다이어트, 음식 및 운동에 대한 관심이 급증하면서 건강과 외모가 중요 이슈로 등장하였는데 〈플래시 댄스, 1983〉에서 제니퍼 빌스(Jennifer Beals)의 오프 숄더 스웨터 셔츠와 레그 워머가 젊은 층의 유행으로

〈러브 스토리, 1970〉
주인공 라이언 오닐, 알리 맥그로우의 프레피 룩

〈애니 홀, 1977〉
다이앤 키튼의 매니시 룩

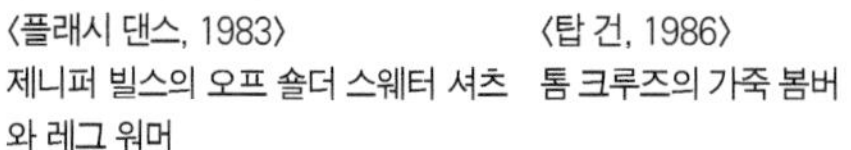

〈플래시 댄스, 1983〉
제니퍼 빌스의 오프 숄더 스웨터 셔츠와 레그 워머

〈탑 건, 1986〉
톰 크루즈의 가죽 봄버

〈해리가 샐리를 만났을 때, 1989〉
맥 라이언의 헤어스타일

이어졌다. 〈수잔을 찾아서, 1985〉에서 마돈나는 블랙 브라, 레이스 헤어밴드, 손가락이 보이는 장갑 등을 대중에게 선보였다. 〈아웃 오브 아프리카, 1985〉 이후 메릴 스트립이 사바나에서 입었던 카키색의 사파리룩은 도시 여성들의 시크한 패션의 클래식이 되었고, 〈탑 건, 1986〉에서 톰 크루즈(Tom Cruise)가 착용한 파일럿 가죽 봄버와 레이밴 선글라스는 당시 젊은 남자들의 로망이었으며 지금까지도 클래식 아이템으로 유행하고 있다. 1980년대에는 빅 룩이 유행하였는데 〈워킹 걸, 1988〉에서 여성들의 패드로 과장된 어깨의 파워 슈트를 볼 수 있으며, 〈해리가 샐리를 만났을 때, 1989〉에서도 그 당시 패션과 맥 라이언의 웨이브 펌과 같은 헤어스타일이 유행했음을 볼 수 있다.

4 1990년대 / 2000년대

냉전체제의 종식, 인터넷의 발달, 환경문제와 같은 사회 환경의 변화와 더불어 패션에 있어서도 세계화 바람이 불면서 동서양의 조화가 강조되며 다양한 스타일이 공존한 시기이다.

1990년에 발표된 〈귀여운 여인〉에서 사랑스러운 여주인공의 성격을 잘 드러내는 도트 패턴 원피스와 모자 같은 패션 아이템은 현재도 유행하고 있으며, 〈프렌치 키스, 1995〉에서 선보인 컬러 선글라스는 신선한 아이템으로 유행을 선도하였다. 〈내 남자 친구의 결혼식, 1997〉에서 카메론 디아즈의 에르메스 스카프 패션은 당시에 스카프 품절 사태를 빚기도 하였다. 〈트와일라잇, 2008〉에서 고딕적인 요소인 블랙 십자가, 뱅글, 체인 및 스모키 화장이 유행으로 확산되었으며, 〈500일의 썸머, 2009〉에서 셔츠에 가디건을 걸치거나 〈17 어게인, 2009〉에서 티셔츠에 타이를 매는 등의 정장과 캐주얼을 혼합하는 심플한 캐주얼이

〈프렌치 키스, 1995〉
맥 라이언의 컬러 선글라스

〈내 남자친구의 결혼식, 1997〉
심플한 원피스와 에르메스 스카프

〈500일의 썸머, 2009〉
정장과 캐주얼의 믹스 앤 매치

헤어와 메이크업이 관심을 받았던 〈제5원소, 1997〉

돋보이는 남자 주인공의 패션 또한 젊은이들에게 많은 영향을 미쳤다.

또한 이 시기는 〈제5원소, 1997〉, 〈악마는 프라다를 입는다, 2006〉, 〈섹스 앤 더 시티, 2008〉 등 패션이 주목을 받는 영화가 인기를 끌었다.

5 2010년 이후

온라인과 오프라인의 경계가 허물어지고, 모든 분야의 융복합이 시도되는 추세에 따라 패션에서도 이러한 변화가 보이고 있다. 현재 패션계는 과거와 현재, 다양한 지역이 믹스 앤 매치되는 뉴트로 스타일이 유행하고 있다. 최근 이를 대표하는 구찌의 알렉산드로 미켈레(Alessandro Michele)는 지역을 아우르는 원색적 색감, 문양, 자수와 바로크, 로코코, 1970년대, 1980년대 등 시대를 융복합하는 스타일을 통한 새로운 디자인으로 현재 패션 분야를 선도하고 있다.

구찌 인스타그램 광고
다양한 시대를 믹스한 뉴트로 스타일

2013년에 새롭게 다시 제작된 〈위대한 개츠비〉는 1920년대 재즈 시대의 패션을 미우치아 프라다가 현대적으로 재해석함으로써 플래퍼 스타일을 다시 유행시키는 계기가 되었다. 〈라라랜드, 2016〉는 1950~60년대에 한동안

〈라라랜드, 2016〉
1950년대를 연상시키는 원색의 풀 스커트 원피스

유행하고 볼 수 없었던 뮤지컬 영화로 시대를 아우르는 재즈, 디스코, 클래식 오케스트라 등 다양한 음악 장르가 함께 사용되었으며, 1950년대의 풀 스커트를 1920년대의 슈즈와 매치하는 등 다양한 시대의 패션이 현대의 감각에 맞게 재해석되고 있다. 시대를 넘나드는 대중의 사고는 1950년대의 화려한 풀 스커트에 1920년대의 클로슈, 그리고 1980년대의 나이키와의 매치를 허용하며 현재 유행하고 있다.

6 국내 영화 속 패션 스타일

우리나라 영화는 6·25전쟁 이후 불행한 현실을 잊게 해주는 큰 탈출구 역할을 하였다. 1955년 제작되어 흥행에 성공한 이규환 감독의 〈춘향전〉, 1956년 한형모 감독의 〈자유부인〉, 최은희, 조미령 주연의 〈자유 결혼, 1958〉과 〈피아골, 1955〉, 〈나는 고발한다, 1959〉와 같은 시대적 아픔을 그려낸 영화들이 나왔다. 1960년대 이후부터 〈연산군, 1961〉, 〈단종애사, 1963〉와 같은 역사 영화가 제작되면서 점차 영화 의상에 관심을 갖게 되었고, 6·25전쟁 이후 억눌렸던 멋내기의 욕구가 되살아나며 홍성기 감독의 〈별아 내 가슴에, 1958〉에서 이화여대생으로 출연한 김지미의 의상은 당시 패션을 주도하는 여대생들에게 많은 관심을 받았다.

〈맨발의 청춘, 1964〉은 흑백영화였지만 신성일의 가죽 점퍼와 엄앵란의 맘보 바지가 대중의 관심을 불러일으켰으며, 이후 1976년 〈고교얄개〉를 시

〈자유부인, 1956〉
양장과 한복 모두 벨벳 소재가 유행했다.

〈별아 내 가슴에, 1958〉
김지미의 여대생 패션

〈맨발의 청춘, 1964〉
신성일의 가죽 점퍼와 맘보 바지

〈정사, 1998〉
디자이너 정구호가 영화 의상을 담당한 영화로 미니멀리즘의 대표작으로 평가된다.

작으로 한 〈얄개 시리즈〉를 비롯한 청춘 영화에서 주인공들의 패션은 젊은 층에 많은 영향을 주었다.

영화 속 패션에 대한 대중들의 관심은 지속적으로 이어져 디자이너 정구호가 영화 의상을 담당했던 〈정사, 1998〉는 미니멀리즘의 유행을 이끌었으며, 대종상 의상상을 받은 〈황진이, 2007〉에서는 한복에서 사용되지 않던 검은색을 유행시켰다. 〈겨울연가, 2002〉에서는 배용준의 목도리가 크게 유행하였으며, 〈베를린, 2012〉에서 전지현의 트렌치 코트는 완판 후 재생산을 하였고, 〈도둑들, 2012〉에서도 김혜수, 전지현, 이정재 등의 패션이 주목받았다.

CHAPTER 3

영화 속 캐릭터와 패션 이미지

1. 패션 이미지　　2. 영화 속 캐릭터에 표현된 패션 이미지

1 패션 이미지

외모는 타고난 것이 아니라 노력해서 만들어지는 것이라는 사회 분위기로 인해 외모 관리에 대한 요구와 기대가 증가하고 있다. 외모 관리뿐 아니라 이미지의 중요성이 다양한 매스 미디어나 SNS 등으로 더욱 크게 부각되고 있으며 좋은 이미지를 위해서 이미지 메이킹, 즉 자연스런 연출이 필요하다는 것을 알고 있다.

이미지란 어떤 사물에 대해 마음에 떠오르는 직관적인 상(象)으로, 대상으로부터 전달되고 느껴지는 감각이나 분위기 등 총체적인 개념을 의미한다. 우리는 각자 자신이 갖고 있는 이미지가 있는데 다른 사람을 만날 때는 때와 장소 그리고 상황에 따라 자기가 갖고 있는 이미지의 단점은 줄이고 장점은 부각시켜 자신이 원하는 이미지를 만들고자 한다. 이처럼 대부분 이미지 메이킹 과정을 거치는데 적절한 이미지 메이킹으로 호감 가는 이미지를 얻는다면 자아 존중감의 향상, 열등감 극복, 대인관계 향상 등에 도움이 된다. 그러나 이미지 메이킹의 실패로 이미지가 실추된다면 복구하기 위해 더 많은 노력을 기울어야 할 것이다.

이미지 메이킹에 대한 올바른 이해는 자신이 원하는 이미지를 만드는데 도움이 된다. 이미지 메이킹에 영향을 주는 요소로 내적 요소와 외적 요소가 있다. 내적 요소에는 신뢰감, 자신감, 친근감, 습관, 욕구, 감정 등이 있으며, 외적 요소에는 체격, 체형, 건강상태, 얼굴모습 등의 신체적 특성과 의복, 메이크업, 헤어스타일, 액세서리 등의 복식, 그리고 신체언어인 자세, 얼굴표정과 의사(疑似)언어인 목소리, 억양 등이 포함된다. 이미지를 형성하는데 내적 요소는 매우 중요한 요소이나 단기간에 변화시키기가 쉽지 않은 반면 외적 요소는 상대적으로 쉽게 조절이 가능하다. 특히 첫인상과 같이 짧은 시간에 형성되는 이미지는 주로 외적 요소에 의해 결정되며, 외적 요소 중에서도 복식으로 쉽게 빨리 변화시킬 수 있다. 복식이 전달해주는 전반적 느낌 즉 의복, 메이크업, 헤어스타일, 구두, 액세서리 등 모든 것이 총체적으로 나타내는 하나의 이미지를 패션 이미지라고 한다. 우리는 패션 이미지를 통해 쉽게 자신의 이미지를 변화시킬 수 있다.

패션 이미지를 활용해 긍정적인 이미지 메이킹을 극대화한 대표적 인물로 애플사의 대표였던 스티브 잡스를 꼽을 수 있다. 그는 일명 잡스 룩이라고 불리는 검은 터틀넥 스웨터와 리바이스 청바지, 뉴발란스 운동화의 심플한 패션 스타일을 통해 기존 CEO와는 다른 창조적인 이미지를 더욱 돋보이게 하였으며 대중들에게도 IT 스타일을 긍정적으로 각인시켰다. 이와 같이 패션 이미지는 자신의 생각과 태도 등을 표현하는 힘을 가지고 있다.

패션 이미지는 복식의 선, 색, 재질과 같은 디자인 요소들의 시각적 특징이 조합되어 형성되므로 복식 하나하나를 분석하기보다는 복식 전체의 어우러진 느낌을 인지하는 것이 중요하다. 패션 이미지의 적절한 활용을 위해서는 다양한 패션 이미지를 보고 느끼는 것이 필요하다. 다양한 패션 이미지를 쉽게 이해할 수 있도록 패션 이미지 맵을 사용하기도 한다. 패션 이미지 맵은 서로 반대가 되는 3개의 축, 즉 contemporary－traditional, mannish－feminine, natural－artificial을 설정하고, 그 위에 8개의 대표적 패션 이미지를 나타낸다. 대표적인 패션 이미지로 모던(modern), 아방가르드(avant－garde), 로맨틱(romantic), 엘레강스(elegance), 클래식(classic), 엑조틱(exotic), 스포티(sporty), 내추럴(natural)을 들 수 있다. 이러한 패션 이미지의 이해를 위해 영화 속 주인공의 패션과 패션브랜드 공식 홍보 인스타그램의 패션을 살펴보았다.

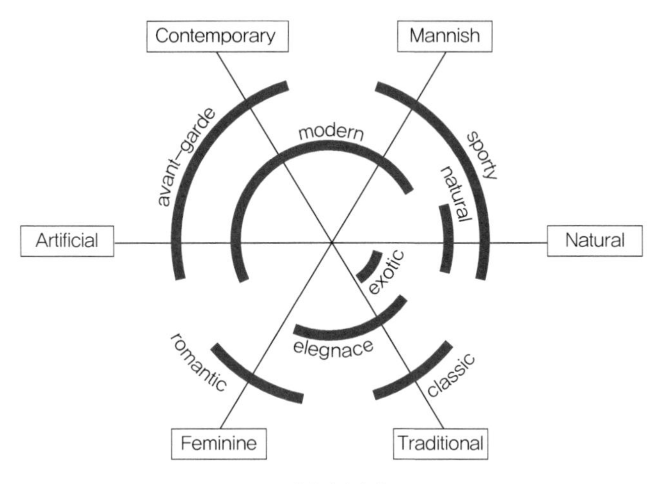

패션 이미지 맵

클래식classic 이미지

형용사 표현: 보수적, 품격 있는, 고전적인, 중후한

예 트렌치 코트, 샤넬 슈트, 테일러드 슈트, 가디건

〈인턴, 2015〉

〈킹스맨: 골든 서클, 2017〉

〈블루 재스민, 2013〉

〈프린세스 다이어리 3, 2004〉

〈악마는 프라다를 입는다, 2006〉

엘레강스 elegance 이미지

형용사 표현: 우아한, 여성스러운, 단아한

예 올림머리, 진주 목걸이, 실크 스카프, 재클린 케네디의 슈트와 필박스

〈이창, 1957〉

〈모나리자 스마일, 2003〉

〈재키, 2016〉

〈그레이스 오브 모나코, 2014〉

〈헬프, 2011〉

엑조틱 exotic 이미지

형용사 표현: 민속적인, 신비한, 이국적인, 동양적인

예 천연재료, 동물의 뼈, 깃털, 가죽 등을 이용한 액세서리

〈원더 러스트, 2012〉

〈맘마미아 2, 2018〉

〈섹스 앤 더 시티, 2010〉

Missoni 공식 인스타그램

Chloé 공식 인스타그램

로맨틱 romantic 이미지

형용사 표현: 섬세한, 부드러운, 여성적, 소녀적, 하늘하늘한

예 러플, 파스텔 톤, 잔잔한 꽃무늬, 실크, 핑크 립스틱과 볼터치

〈쇼퍼홀릭, 2009〉

〈헬프, 2011〉

〈금발이 너무해, 2001〉

〈퀸카로 살아남는 법, 2004〉

Giambattis Tavalli 공식 인스타그램

아방가르드 avant-garde 이미지

형용사 표현: 혁신적인, 독특한, 기묘한, 첨단적인

예 기이한 스타일, 실험적인 디자인, 소재의 특이한 조합

〈패션쇼, 1994〉

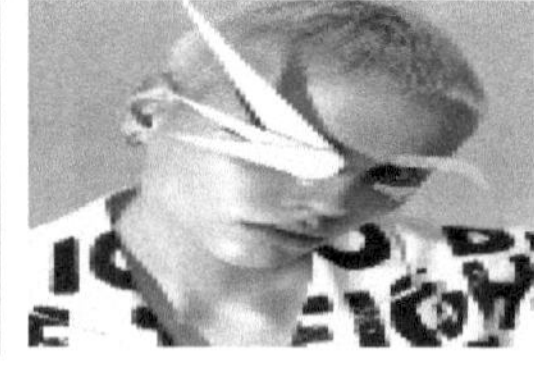

MM6 Maison Margiela 공식 인스타그램

Alexander McQueen 공식 인스타그램

〈오스틴 파워, 2002〉

John Galliano 공식 인스타그램

모던 modern 이미지

형용사 표현: 현대적, 수직적, 지적인, 도시적, 차가운

예 블랙 앤 화이트, 직선 무늬, 기하학 무늬, 미니멀리즘

〈007 스펙터, 2015〉

〈클로저, 2005〉

〈겟 스마트, 2008〉

Jilsander 공식 인스타그램

〈라라랜드, 2016〉

스포티 sporty 이미지

형용사 표현: 활동적인, 경쾌한, 가벼운

예 원색, 스니커즈, 야구모자, 스포츠 브랜드 로고, 레깅스

〈들어는 봤니 모건 부부, 2009〉

Lululemon 공식 인스타그램

Polo 공식 인스타그램

Tommy Hilfiger 공식 인스타그램

〈발렌타인 데이, 2010〉

내추럴 natural 이미지

형용사 표현: 자연스러운, 헐렁한, 자유로운

예 천연소재, 자연에서 온 색(베이지, 녹색, 브라운 등), 헝클어진 자연스러운 긴 머리

〈마더스 데이, 2016〉

〈송 원, 2014〉

〈맘마미아 1, 2008〉

〈땡스 포 쉐어링, 2012〉

〈달콤한 백수와 사랑 만들기, 2006〉

2 영화 속 캐릭터에 표현된 패션 이미지

일상에서 직장에 적절한, 여행지에 어울리는, 때와 장소, 상황에 맞는 패션 이미지는 긍정적인 이미지를 형성하는 데 도움을 준다. 영화에서도 자신의 캐릭터에 맞는 패션 이미지로 변신한 영화배우의 모습은 관객에게 영화에 대한 몰입도를 높여 감동을 준다.

〈캐리비안의 해적, 2011〉과 〈퍼블릭 에너미, 2009〉 등에서 열연한 조니 뎁은 영화 의상을 통한 완벽한 변신으로 다양한 캐릭터를 만들어 전혀 다른 인물로 느껴진다. 이병헌은 〈광해, 왕이 된 남자, 2012〉, 〈내부자들, 2015〉, 〈그것만이 내 세상, 2018〉 등에서 완벽한 캐릭터 변신을 했다. 〈내부자들, 2015〉에서 과하게 화려한 셔츠, 단정하지 않은 옷매무새 등으로 정치 깡패 역할을 표현하였으며, 〈그것만이 내 세상, 2018〉에서는 짧은 머리, 늘어진 티셔츠, 오래된 트레이닝복 등으로 한물간 전직 복서 역할을 표현했다. 〈철의 여인, 2012〉, 〈악마는 프라다를 입는다, 2006〉 등에서의 메릴 스트립은 한 인물이라고 느껴지지 않을 만큼 놀라운 변신을 했다. 〈악마는 프라다를 입는다, 2006〉에서 '보그' 편집장의 역할을 위해 화려한 명품 브랜드를 소화했고, 〈철의 여인, 2012〉에서는 영국 마거릿 대처 수상의 평소 패션 스타일을 완벽히 소화하여 실제 마거릿 대처를 보는 듯했다.

한편 한 배우가 한 편의 영화에서 여러 이미지를 보여주기도 한다. 영화 〈23 identity, 2017〉에서는 제임스 맥어보이가 어린이, 패션 디자이너, 여자

조니 뎁 Johnny Depp, 1963~

〈캐리비안의 해적, 2011〉

〈퍼블릭 에너미, 2009〉

〈이상한 나라의 앨리스, 2010〉

〈모데카이, 2015〉

이병헌 1970~

〈내 마음의 풍금, 1999〉

〈광해, 2012〉

〈내부자들, 2015〉

〈그것만이 내 세상, 2018〉

메릴 스트립 Meryl Streep, 1949~

〈악마는 프라다를 입는다, 2006〉

〈철의 여인, 2011〉

〈어바웃 리키, 2015〉

〈맘마미아, 2018〉

제임스 맥어보이 James McAvoy, 1979~

〈23 아이덴티티, 2017〉

등 여러 정체성을 영화 의상을 통해 표현하였다. 이처럼 영화배우는 캐릭터의 이미지 변신을 위해 역할에 맞는 적절한 영화 의상으로 이미지 메이킹을 한다.

영화나 다양한 매체는 시대적으로 좋은 이미지에 대한 팁을 전하므로 자신의 이미지를 만들어나가는 데 중요한 정보로 활용할 수 있다. 영화 속 캐릭터의 패션 이미지를 살펴봄으로써 패션 이미지에 대한 이해를 높이고 이미지 메이킹에 응용할 수 있다.

패션 이미지를 이해하기 위한 좋은 영화로 지금까지 대중에게 관심을 받고 있는 〈섹스 앤 더 시티(SEX & THE CITY)〉가 있다. 〈섹스 앤 더 시티〉는 전 세계의 여성들에게 뉴욕 패션에 대한 관심을 일으킨 미국 드라마로 1998년부터 시작되어 2004년 시즌 6까지 인기를 누렸다. 이후 2008년, 2010년에 영화로도 만들어졌다. 이 드라마와 영화는 그녀들의 라이프 스타일뿐 아니라 패션이 지금까지도 관심의 대상이 되고 있다. 영화 〈섹스 앤 더 시티〉는 뉴욕에서 생활하는 4명의 전문직 여자 주인공의 이야기로 그들의 삶과 성, 패션 등 다양한 주제를 다루고 있다. 여주인공 4명의 뚜렷한 패션 이미지 분석을 통해서 패션 이미지에 대한 이해를 높일 수 있다.

4명의 여자 주인공은 캐리 브래드 쇼 역을 맡은 사라 제시카 파커(Sarah

Jessica Parker), 사만다 존스 역의 킴 커틀랠(Kim Victoria Cattrall), 샤롯 요크 역의 크리스틴 데이비스(Kristin Davis), 미란다 호비스 역의 신시아 닉슨(Cynthia Nixon)으로 이들은 뉴욕에 살고 서로 각별한 친구이다. 영화의 이야기를 이끌어나가는 캐리는 성 칼럼리스트로 지금은 알려진 직업이지만 2000년대 초반만 해도 우리나라에서는 낯선 직업이었다. 친구들과 자신의 성, 데이트, 라이프 스타일 등을 칼럼으로 써 내려가는 형식으로 스토리를 엮어내고 있다. 자유로운 사고를 가진 직업만큼이나 클래식한 이미지부터 아방가르드한 이미지까지 다채롭다. 사만다는 스스로 섹시하고 완벽한 외모를 갖추고 있다고 생각하는 당당한 홍보이사이다. 몸에 밀착되는 소재, 화려한 색상, 과감하게 드러나는 가슴선 등으로 시선을 끄는 패션이 특징적이다. 큐레이터와 전업 주부를 오가는 샤롯은 다른 친구들에 비해 보수적이며 부끄럼이 많고 지극히 여성적이다. 파스텔 톤, 로맨틱한 장식, 단아한 롱 헤어스타일로 숙녀다움을 표현하고 있다. 변호사와 두 아이의 엄마로 가장 바쁘고 치열한 생활을 하는 미란다는 수수한 컬러와 편안한 의상을 선호하지만 빨간색 헤어 염색으로 알 수 있듯이 개성이 넘친다.

드라마 시즌 6까지의 분량과 영화 두 편으로 이들의 패션 자료가 인터넷에 많이 있다. 영화 〈섹스 앤 더 시티〉 4명 캐릭터의 패션 이미지를 분석하고 그들의 패션 사진을 맵에 붙이면 패션 이미지에 대한 개념을 잡는 데 도움이 될 것이다. 이들의 패션 이미지 맵을 작성한 후 자신의 평소 사진을 패션 이미지 맵에 붙이고 원하는 패션 이미지를 찾아 붙여 보자. 자신이 원하는 이미지를 위해서 패션을 어떻게 변화시켜야 하는지 객관적으로 살펴볼 수 있을 것이다.

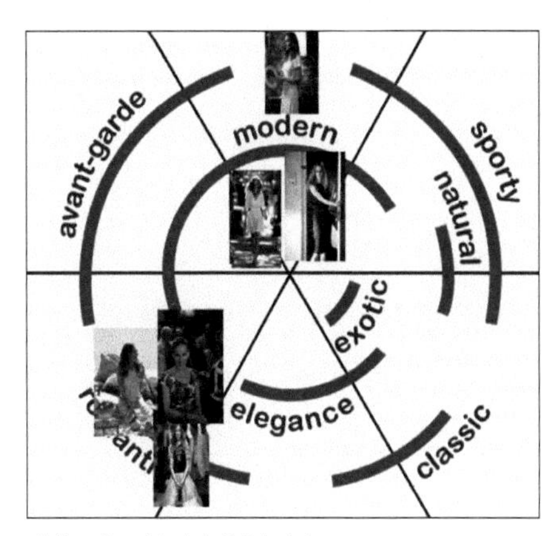

캐리 브래드 역 / 사라 제시카 파커

샤롯 요크 역 / 크리스틴 데이비스

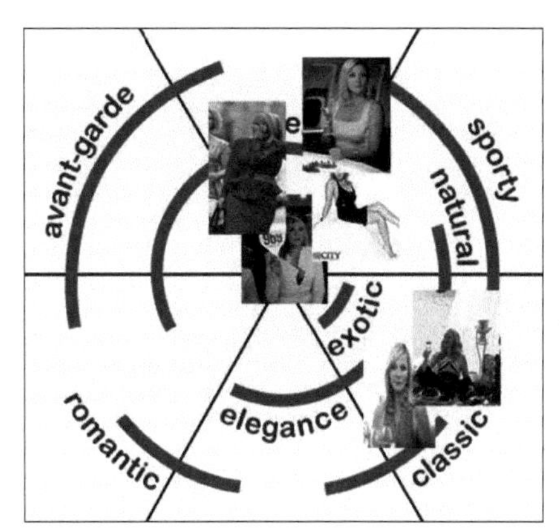

사만다 존스 역 / 킴 커틀랠

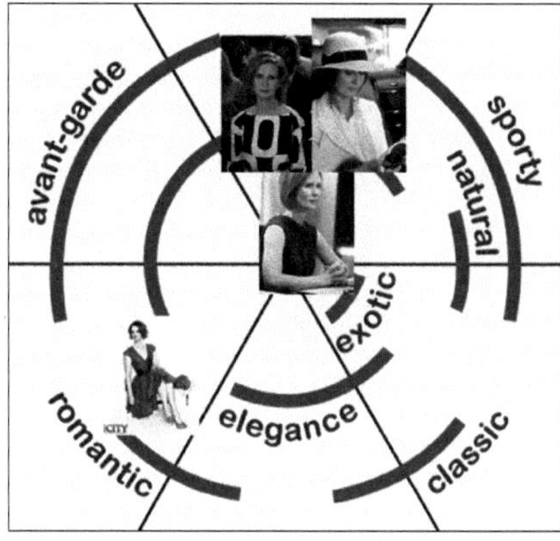

미란다 호비스 역 / 신시아 닉슨

LOOK AT ME

자기 이미지

자기 이미지(self-image)는 개인이 자신에 대하여 스스로 갖는 하나의 심상(心象)이다. 스스로를 머릿속에 떠올릴 때 남들과 구별되어 특징적으로 나타나는 형상과 느낌이다. 자기 이미지는 분류 기준에 따라 다양한데, 복식 선택의 관점에서 살펴보면 실제적 자기 이미지, 이상적 자기 이미지, 상황적 자기 이미지로 나눌 수 있다.

실제적 자기 이미지

스스로 현재의 자신에 대하여 갖고 있는 이미지로 "내가 어떤 사람인가?"에 대한 자신의 생각이다. "내 몸이 어떤가?"에 대한 신체적 자기 이미지와 "내가 사회적으로 어떤 사람인가?"에 대한 사회적 자기 이미지가 있는데, 실제적 자기 이미지는 개인의 객관적인 실체나 남들이 보는 개인과 다를 수 있다.

이상적 자기 이미지

스스로가 되고자 추구하는 자신의 모습이다. 이상적 자기 이미지를 머릿속에 떠올리며 이를 이룰 수 있는 복식을 선택한다. 예로 품위 있는 사람이고 싶으면 품위 있는 분위기의 복식을 선택하게 된다.

상황적 자기 이미지

특정한 상황에서 타인이 자신에 대해 가져주기를 바라는 자기 이미지다. 사람들은 다양한 자기 이미지를 동시에 갖고 있으며 상황에 따라 적절한 자기 이미지를 갖고자 한다. 예로 취업 면접 상황에서는 신뢰감이 있고 능력이 있어 보이는 이미지를 표현한다. 사무복이나 결혼식과 같이 사회적 규범이 강한 상황에서는 규범에 맞는 이미지를 만들고, 미팅이나 여행과 같이 개인적인 취향이 표현될 수 있는 상황에서는 자기 이미지를 자유롭게 표현한다.

CHAPTER 4

영화 의상의 색채 이미지와 상징

1. 색채 이미지와 상징 2. 영화 의상에 표현된 색채 이미지와 상징

1 색채 이미지와 상징

각각의 색채는 우리에게 다양한 감정을 갖게 한다. 이는 색채를 단순히 눈으로만 바라보는 것이 아니라 마음으로도 받아들이기 때문이다. 따라서 색채는 시각을 통한 무성의 언어이며 색채가 갖는 이미지와 상징을 통해 의미를 전달할 수 있다.

색채 이미지

색채를 보면 여러 가지가 떠오르는데, 이처럼 색채에 의해 연상되는 것이 그 색채가 가지는 이미지다. 색채가 갖는 이미지는 추상적인 것과 구체적인 것이 있으며, 개인의 특성, 사회·문화적 배경, 시대, 자연환경 등에 영향을 받는다. 색채에 대한 이미지는 대부분 공통적이나 개인에 따라 차이가 날 수 있다.

다음은 우리가 알고 있는 일반화된 색채 이미지이다. 동일 색상이라 하더라도 명도와 채도에 따라 다른 이미지를 떠올리게 되는데 이는 색상, 명도, 채도를 함께 지각하기 때문이다. 따라서 동일 색상도 명도와 채도가 합쳐진 톤에 따라 색채 이미지가 달라질 수 있다.

- 빨강: 열정, 사랑, 위험, 혁명, 피, 사과, 태양, 심장
- 주황: 따뜻함, 명랑, 오렌지
- 노랑: 희망, 개나리, 봄, 병아리, 기다림
- 초록: 환경, 숲, 휴식, 자연, 생명, 희망, 죽음, 광기
- 파랑: 물, 하늘, 젊음, 우울, 노동자, 냉정
- 보라: 고귀, 신비, 우아, 불안
- 하양: 청순, 결백, 깨끗함, 웨딩드레스
- 회색: 평범, 소극적, 차분, 쓸쓸함, 안정, 스님
- 검정: 죽음, 공포, 강함, 정숙, 절망, 허무, 슬픔, 모던, 장엄, 밤, 상복

색채 상징

색채는 문자가 존재하지 않았던 시기부터 감정과 의사전달을 위한 기호, 상징적인 도구로 사용되었다. 색채에 대해 개개인들이 갖는 이미지가 점차 사회적으로 정착함에 따라 색에 대한 공통적 이미지가 형성되고 이는 상징적 의미를 갖게 된다. 색채의 상징 역시 시대, 지역, 민족, 사회문화적 배경 등에 따라 다르므로 같은 색채라 하더라도 그 의미가 다르게 적용될 수 있다.

종교의 상징

원시 종교부터 시작하여 모든 종교는 그들의 신을 찬란한 색채와 결부시켜 숭배하여 왔다. 황금색은 이집트에서는 태양신을, 고대 그리스에서는 아테네 신을 상징하는 색이었으며, 인도에서는 부처를 상징한다. 이처럼 같은 색에 대한 상징도 시대와 지역에 따라 서로 다르게 나타남을 볼 수 있다.

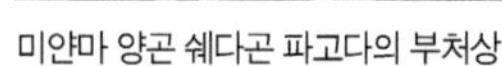
미얀마 양곤 쉐다곤 파고다의 부처상

수태고지

불교에서는 가사의 색을 통해 불교의 참뜻을 상징적 의미로 전달하고 동시에 생활태도나 사고방식에 흔들림이 없다는 의미를 나타내기도 한다. 황색은 미얀마, 태국, 티베트 등지의 승복에서 나타나는데 이들 지역은 황색을 태양의 상징으로 가장 신성시하므로 이것이 불교와 결합되어 승려의 권위를 상징한다.

기독교의 경우 백색은 순결, 청색은 신성, 적색은 신의 사랑, 자색은 존귀, 금색은 덕을 상징한다. 수태고지에서 붉은 옷에 청색 망토를 입고 있는 성모 마리아는 색채의 종교적 상징을 보여주는 좋은 예라 할 수 있다. 색채를 통한 종교적 상징은 유럽 문화 속에 오랫동안 그들의 전통으로 남아 있다. 이러한 색채의 종교적 상징들이 관습화되어 일반적인 색채의 상징에도 영향을 미치고 있다.

방위의 상징

네 개의 방위는 주술적이며 상징적 의미를 가지며 각기 다른 상징적 색채를 지닌다. 우리나라와 중국에서는 음양오행사상에 근거해 파랑은 동, 하양은 서, 빨강은 남, 검정은 북, 그리고 중앙은 노랑으로 상징된다. 그러나 색채문화가 다른 미국에서는 동쪽은 검정, 서쪽은 노랑, 남쪽은 파랑, 북쪽은 회색으로 방위를 상징한다.

분류의 상징

중세 유럽의 가문을 나타내는 문장에서 색은 중요한 상징적 의미를 갖고 있었으며 주요 학부를 구분하는 학위복에 사용되던 색채는 계승되어 오늘에 이르고 있다. 대부분의 대학에서 신학은 진홍색, 철학은 파란색, 예술과 인문학은 흰색, 약학은 초록색, 법학은 자주색, 이학은 황금색, 공학은 주황색, 음악은 분홍색을 사용한다.

국기의 상징

국기는 국가의 권위와 존엄을 상징하는 것으로 각 국가의 전통과 이상을 특정한 색으로 나타낸다. 국기에는 흰색을 포함하여 빨강, 파랑, 노랑, 초록, 검정처럼 선명하고 인식하기 쉬운 색을 사용한다. 국기의 색채는 나라마다 상징하는 의미가 다르다. 우리나라 태극기의 경우 흰색은 순결과 평화를 상징하며, 빨강과 파랑은 양과 음을 상징하여 음양의 조화를 나타낸다. 중국의 빨강은 혁명, 노랑은 광명을 상징하며, 프랑스 국기의 파랑은 자유, 흰색은

태극기

중국 국기

프랑스 국기

평등, 빨강은 박애를 나타낸다. 이슬람권에서 신성시하는 초록색은 대부분 이슬람권 국기의 색채로 사용되고 있다.

신분의 상징

대부분의 나라에서는 복식의 색채를 통하여 신분을 나타냈다. 일반 계급은 거의 색채 사용을 생활화하지 못한 반면, 왕족을 비롯한 귀족계급에서는 많은 색채를 의복에 사용하였다. 우리나라 조선 태조실록에 의하면 1392년 12월 제정된 관복제도에 따라 1~2품은 홍색, 3~6품은 청색, 7품 이하는 녹색 등 품계에 따라 복식에 색채를 구분하여 사용하였다. 중국의 경우는 시대에 따라 황실의 상징색이 달랐는데, 송나라의 황실은 갈색, 명나라 황실은 초록, 청나라 황실은 노랑이었다. 로마 황제는 자주색 옷을 입었으며 황제 외에는 이 색상을 사용하는 것이 금지되었다. 신분의 구분이 엄격했던 인도에서는 브라만은 흰색, 크샤트리아는 빨간색, 바이샤는 노란색, 수드라는 검은색을 사용하여 신분을 표시하였다.

색의 이미지와 상징은 변화할까?

6·25 전쟁 이후에 붉은색은 공산당의 색상으로 부정적 인식이 강했다. 그러나 2002년 월드컵 이후 한국 대표 공식 응원단인 붉은 악마의 빨간색 옷은 사람들에게 월드컵을 떠올리게 하며 긍정적인 이미지를 갖게 되었다.

우리나라의 경우 상복은 삼베가 갖는 누런색이나 흰색이었다. 우리 조상들은 죽는 것을 이승에서 저승으로 가는 것으로 생각해 저승 가는 길이 환하도록 흰색 상복을 입었다. 그러나 일제강점기인 1934년 상례 간소화정책으로 검은 리본을 달았고, 일상복으로 양복을 착용함에 따라 서양의 문화가 들어오면서 점차 변화하기 시작하여 요즘은 검은색이 상복의 이미지로 자리 잡았다. 서양에서는 검은색이 상복의 색으로 사용되며 산업혁명 이후 남성복에 주로 사용하는 색상이었다. 그러나 패션 디자이너 샤넬이 검정을 여성 일상복에 도입함으로써 시크(chic)한 색의 이미지가 추가되었다.

색의 이미지와 상징은 만들어질 수 있을까?

우리들의 기억 속에 산타클로스는 빨간색 옷을 입고 있다. 다른 색을 입은 산타클로스는 상상하기도 힘들다. 하지만 처음부터 산타클로스가 빨간 옷을 입은 것은 아니다. 지금의 산타클로스 이미지가 탄생한 곳은 미국으로 1931년 미국의 해돈 선드블롬(Haddon Sundblom)이 코카콜라 광고에서 붉은색 외투에 흰색 털을 단 옷을 입고 풍성한 흰 수염에 홍조를 띤 인자한 할아버지의 모습을 만들면서 현재의 산타클로스 이미지가 만들어졌다.

여자 아이는 분홍색, 남자 아이는 하늘색으로 여전히 성이 상징되기도 한다. 과거 남아선호가 강했던 시절에 남자 아이를 하늘의 색으로 보호하고자 하는 생각에서 하늘색(푸른색 계통)이 남아의 상징색이 되었다. 여아의 분홍색은 하늘색과 비교되는 색을 찾아 사용되었다고 한다. 오늘날에는 이러한 색의 상징이 흐려지고 있다.

2 영화 의상에 표현된 색채 이미지와 상징

디자인 요소의 하나인 색채는 사람들에게 가장 빨리 인식되고 기억에 오래 남는다. 영화에서는 이러한 색채의 이미지와 상징을 이용하여 메시지를 전달하고자 하는 경우가 많다. 영화에서 색채는 감독의 의도에 따라 미학적인 부분뿐 아니라 수많은 상징을 표현하며 작품의 주제를 이야기한다.

영화 속 색채의 역할

영화 속 색채는 배경과 배우의 의상 및 분장 등을 통하여 영화의 전반적 분위기와 캐릭터를 표현하는데 매우 중요하다. 동시에 주인공을 강조하거나 영화 주제의 단서를 제공하며 시대와 유행을 표현하는 시각적 요소로 작용한다.

색채를 이용해서 영화의 전반적인 분위기를 표현할 수 있다. 공포영화 〈애나벨 집으로, 2019〉는 최대한 어두운 색과 붉은색을 사용하여 공포스러운 분위기를 조성하고 있으며, 크리스마스에 사랑을 하는 스토리의 〈러브 액츄얼리, 2003〉는 크리스마스를 상징하는 하양과 빨강을 이용해서 들뜬 분위기를 전달하고 있다.

캐릭터를 표현하는 데도 색채를 이용한다. 명랑한 캐릭터는 밝은 색으로,

〈애나벨 집으로, 2019〉

〈러브 액츄얼리, 2003〉

우울한 캐릭터는 어두운 색으로 표현한다. 〈악마는 프라다를 입는다, 2006〉에서 어두운 배경과 갈색 톤으로 가난한 연인인 여주인공 앤디와 남자 친구를 표현하였으며, 앤디가 패션 잡지 내의 비서 역할을 할 때는 시크함과 당당함을 무채색의 대비로 밝게 표현했다.

〈악마는 프라다를 입는다, 2006〉

주인공을 돋보이게 하기 위해 다른 배역이나 배경과 차이가 나는 색을 사용하여 두드러지게 강조하기도 한다. 〈마리 앙트와네트, 2007〉에서 마리 앙트와네트는 주변의 색보다 눈에 띄도록 분홍색의 의상을 입고 있다. 〈그랜드 부다페스트 호텔, 2014〉에서는 빨간색 배경에 보라색 의복을 착용함으로써 주인공을 부각시켰다.

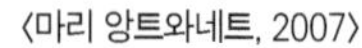

〈마리 앙트와네트, 2007〉

〈그랜드 부다페스트 호텔, 2014〉

영화에서 갑작스런 색채의 변화는 이후에 일어날 일들을 암시하기도 한다. 〈친절한 금자씨, 2005〉에서 어두운 장면이나 검은색은 무언가 일어나리라는 예측을 불러일으킨다.

〈친절한 금자씨, 2005〉

대부분의 영화에서는 배경이 되는 시대를 표현하기 위해 당시의 유행색을 그대로 사용하는 경우가 많다. 그러나 오래된 영화라 하더라도 당시의 색을 그대로 표현하지 않고 현재의 유행색으로 변화시켜 표현하는 경우가 있다. 실화를 배경으로 한 영화 〈재키, 2016〉에서는 1960년대 재클린 케네디의 붉은색 슈트를 현재 유행색인 채도 높은 빨강을 사용하여 재클린을 더 아름답게 표현하였고, 관객들의 공감을 얻어냈다.

영화 의상의 색채 이미지와 상징

영화 속 색채는 일종의 언어로 관객에게 다가가고 있다. 스페인의 페드로 알모도바르 감독은 빨강이라는 색채를 통해 영화 주제를 강력한 상징적 이미지로 전달하는 감독으로 잘 알려져 있다. 또한 장예모 감독은 〈영웅, 2014〉에 표현된 5가지 색채들을 통해 각각 상징적 의미를 전달하고 있으며, 박찬욱 감독은 색채 이미지를 통해 억압, 복수, 화해, 사랑, 죽음과 같은 다양한 감정의 변화를 표현하였다. 〈케빈에 대하여, 2012〉는 주인공인 에바의 빨강과 케빈을 표현하는 파랑으로 그들의 감정을 색채 이미지로 표현했다. 〈라라랜드, 2016〉와 〈그랜드 부다페스트 호텔, 2014〉 등과 같이 독특한 색채를 사용하여 작품의 이미지를 보다 강렬하게 표현한 영화도 있다. 이와 같이 색채를 통해 관객은 영화 속의 메시지를 읽어낼 수 있다.

빨강

자극이 강하여 주목성이 높은 빨강은 역사 이래로 생명의 의미를 지니며, 사랑과 열정, 기쁨, 신성함, 힘, 따뜻함과 동시에 자유의 의미를 내포하는 역동적인 이미지를 가지고 있다. 동시에 빨강은 공포와 악마, 투쟁, 나쁜, 환락 등 부정적인 이미지도 함께 지니고 있다. 영화 속 빨강은 다양한 이미지로 표현되며 수많은 영화에서 사용되어 왔다.

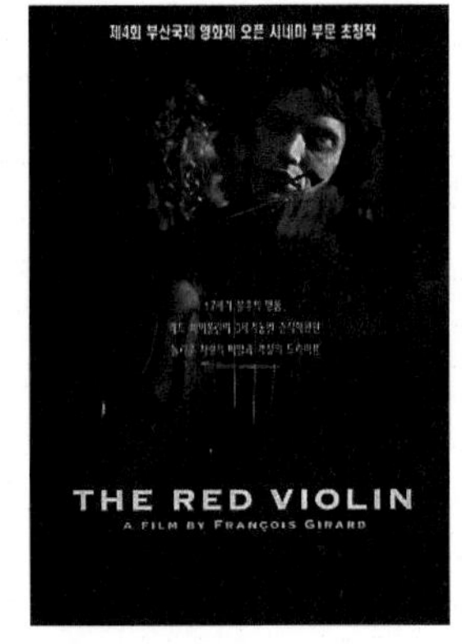

〈레드 바이올린, 1998〉

박찬욱 감독의 〈친절한 금자씨, 2005〉, 〈올드 보이, 2003〉에서 빨강은 욕망과 애정으로 표현되고 있다. 장예모 감독의 〈영웅, 2014〉에서 빨강은 질투와 애증을, 〈그녀, 2014〉의 주인공 테오도르가 입은 붉은색 셔츠는 그의 열정적 사랑을 의미한다. 〈레드 바이올린, 1998〉에서는 불멸을 상징하며, 페드로 알모도바르 감독의 〈내 어머니의 모든 것, 1999〉, 〈하이힐, 1991〉에서 빨강은 모성을 표현한다.

〈그녀, 2014〉

파랑

조용하면서 끝없는 수평선이 보여주는 고요함, 푸른 창공, 성스러운 신의 모습, 젊음과 낭만, 신뢰, 차가운 이성과 심오함, 냉정함을 상징하는 반면에 노동과 우울함, 절망, 덧없음까지 떠오르게 하는 색인 파랑은 보여주는 이미지 스펙트럼이 매우 넓다. 이는 영화 속에서도 다양하게 나타난다.

〈세 가지 색: 블루, 1993〉

〈피아노, 1993〉와 〈환상의 빛, 1995〉의 파랑은 상실감, 죽음과 새로운 탄생의 이미지를 표현하며, 〈세 가지 색: 블루, 1993〉에서는 파랑을 통해 외로움, 자유의 메시지를 전하고 있다. 〈알라딘, 2019〉에서 지니의 파란색은 선한 사람의 이미지를 표현했는데, 파랑의 영화적 색채 이미지의 또 다른 표현이다.

〈알라딘, 2019〉

초록

초록은 생명, 희망, 생존이라는 공통된 이미지를 갖는다. 이슬람 문화권에서는 성스러운 색, 기독교에서는 부활과 영생의 희망을 나타내고, 아일랜드 초록 축제에서는 축복의 신의 도착을 의미한다. 반면에 창백한 느낌의 청록은 중세시대에 질병, 부패, 죽음과 반역을 의미하거나 셰익스피어의 시에 등장하듯 질투를 상징하며, 건강하지 못함, 미숙을 상징하기도 한다. 초록은 나라에 따라 상반된 상징으로 해석되나 최근에는 비상구, 병원 등 안전을 상징하기도 하다.

〈위대한 유산, 1998〉에서 여주인공의 초록색 의상은 초록빛 자연과 어우

〈그린 파파야 향기, 1994〉

〈위대한 유산, 1998〉

〈8명의 여인들, 2002〉

〈배트맨 III (Batman Forever), 1995〉

러진 신비한 분위기를 연출한다. 트란 안 훙 감독의 〈그린 파파야 향기, 1994〉에서 무이의 의상은 어린 시절의 청순함을 상징하는 초록 의상에서 점차 진한 와인 빛으로 변하는데, 이를 통해 그녀의 변화를 암시한다. 〈8명의 여인들, 2002〉에서는 다양한 8가지 색이 각 캐릭터의 특징을 묘사하고 있는데, 그중 작은 딸 카트린느의 초록색은 순진무구함을 표현한다. 반면에 초록의 부정적 의미를 보여주는 〈배트맨 Ⅲ(Batman Forever), 1995〉, 괴력을 지닌 가상의 색채로 〈The Incredible Hulk, 2008〉와 〈슈렉, 2001〉을 통해 초록의 다면적 이미지를 알 수 있다.

하양과 검정

흰색과 검은색은 단순함과 동시에 다양한 이미지를 갖고 있다. 흰색은 천상, 깨끗함을 나타내며 검은색은 어두움, 암흑, 폐쇄, 악마, 죽음의 이미지로 공포를 자극하기도 한다. 이러한 색채 이미지로 인해 검정은 〈Once upon a time in America, 1984〉, 〈저수지의 개들, 1996〉과 같은 갱스터 영화의 상징인 느와르 영화(Film Noir) 장르를 만들어내기도 하였다. 박찬욱 감독의 〈친절한 금자씨, 2003〉에서 주인공 금자가 복수를 할 때는 검은색 옷을 입었으며, 반면에 속죄와 구원을 원할 때는 흰색 옷을 입어 금자의 이중적 심리를 뚜렷하게 색상으로 표현하였다.

대체로 흰색과 검정은 대비를 통한 미장센으로 사용된다. 〈러브레터, 1995〉의 검은 옷과 흰 눈, 〈블랙, 2009〉에서 흑색과 백색의 대비는 주제의 극적 이미지를 표현하고 있다. 〈블랙 스완, 2010〉은 흑백 백조의 대비를 통한 선과 악을 상징적으로 표현했으며 〈더 기버: 기억의 전달자, 2014〉에서는 획일화된 이미지를 흑백의 색채를 통해 표현하기도 하였다. 팀 버튼 감독의 〈가위손, 1990〉에서는 빛과 어둠의 대비를 통한 판타지적인 분위기를 만

〈친절한 금자씨, 2003〉

〈더 기버: 기억의 전달자, 2014〉

〈친절한 금자씨, 2003〉

들어내기도 하였다. 또한, 순결, 깨끗함을 나타내는 흰색을 〈박쥐, 2009〉에서는 불합리, 부조리의 검은색과 대조시켰으며, 〈데인저러스 메소드, 2011〉에서는 흑백을 이성과 본능으로 표현하는 등 영화 속 흑과 백은 단순함 속에 각기 다른 다양한 이미지로 표현된다.

보색 대비

칸딘스키는 상반된 상징을 지닌 색채의 대립을 통해 이미지를 나타내고자 했다. 즉 노랑과 파랑, 주황과 보라, 빨강과 초록의 대립을 통해 색채를 설명하였다. 보색을 통한 색채의 대립적 개념은 〈아멜리에, 2001〉에서 잘 나타나는데 미술 감독 엘리네 보네토는 대부분의 영상을 빨간색과 초록색의 보색 대비로 색상을 제한함으로써 정신적으로나 육체적으로 문제가 있는 인물들을 표현했다. 정신적인 아픔과 폐쇄적 성향을 나타내는 아멜리에에게 집이라는 공간은 그녀를 더욱 더 외롭게 만드는 공간이다. 이를 빨간색과 초록색의 보색 대비로 표현하여 아멜리에의 슬픔과 고독의 심리를 잘 나

〈아멜리에, 2001〉

타냈다. 사랑에 빠진 아멜리에를 표현할 때에는 빨간색 옷을 입고 있으며 이를 두드러지게 하기 위해 보색 대비를 사용하여 초록색 배경을 사용하였다.

CHAPTER 5

영화 의상과 성

1 의복을 통한 성의 상징

의복은 무성의 언어이다. 우리는 의복을 통해 착용자에 대한 여러 정보를 추측할 수 있는데, 그 중 하나로 성을 짐작할 수 있다. 한 사회에서 성별에 따라 적합하다고 여겨지는 특징들이 의복에 반영되고 이는 시대에 따라 변화하면서 의복에 표현된다.

이러한 의복을 통한 성의 표현은 고대 튜닉이나 드레이퍼리 스타일의 복식에서는 크게 나타나지 않았다. 그리스 시대의 키톤은 남녀 모두 입는 복식으로 성별에 따라 크게 다르지 않았으나 여성의 키톤은 사회 내 여성의 역할에 따라 형태에 약간의 차이가 있었다. 여권이 강했던 도리아인들의 도릭 키톤은 상대적으로 여권이 약했던 이오니아인들의 이오닉 키톤보다 덜 장식적이었다.

복식사상 남녀 복식에 성차가 뚜렷이 나타난 때는 중세 고딕시대이다. 십자군원정으로 말을 타기에 편한 바지가 남성 복식으로 자리 잡으면서 남성은 바지, 여성은 치마라는 의복에 대한 고정관념이 생겨났다. 그러나 시대가 변함에 따라 이같은 성에 대한 고정관념이 변하면서 복식에 영향을 미쳤다.

여성복의 남성화

1900년을 전후하여 여성해방운동, 제1차 세계대전, 제2차 세계대전을 거치면서 여성에 대한 인식의 변화로 여성복에 남성복 요소가 도입되기 시작하였다. 1851년 미국의 블루머(Bloomer)가 소개한 터키풍의 바지는 소수 페미니스트 사이에서 유행했으나 대중까지 전달되지는 못했다. 1909년 폴 푸아레가 하렘 팬츠를, 1910년 코코 샤넬이 요트 팬츠를 선보였다. 제1차 세계대전 이후 여성의 사회진출로 여성복이 간편해지면서 1920년대에 커트나 짧은 단발머리, 평평한 가슴, 긴 상의로 엉덩이를 가리고 짧은 치마를 입는 보이시 스타일인 플래퍼(flapper) 룩이 나타났다. 1920년대 중반 코코샤넬은 코르셋에서 여성의 몸을 해방시키는 루즈 핏(loose fit)의 저지로 만든 플래퍼 드레스를 선보였다.

1930~40년대 양성의 매력을 지닌 여배우 마를렌 디트리히가 영화 속에서 바지를 착용하였는데 이는 그 당시 매우 충격적으로 받아들여졌다. 여성은 제2차 세계대전 전까지 바지를 주로 운동용이나 작업복으로 착용하였고, 제2차 세계대전 동안은 공장이나 사무실에서 평상복으로 입었으나 여전히 자연스럽다고 생각하지 않았다. 그러나 제2차 세계대전 이후 여성이 본격적으로 교육을 받고 사회활동을 하며 경제력을 갖게 되자 여성의 역할과 지위가 변화하였고, 이는 남녀 성역할에 대한 고정관념을 변화시켜 의복의 남녀 구분을 모호하게 만들었다. 이러한 남녀 성역할의 변화는 복식에서의 성차를 감소시키며 여성복의 남성화 경향을 가속화시켰다.

바지는 1950년대가 되어서야 일상복으로 받아들이게 되었다. 1966년 이브 생 로랑이 르 스모킹이라 불리는 팬츠 슈트를 선보였고, 이후 여성의 바지는 편리함과 활동성을 추구하며 보편화되었다.

여성복의 또 다른 남성화 경향으로 바지 착용 외에 넓은 어깨를 예로 들

르 스모킹 룩
〈이브 생 로랑의 라무르, 2010〉

수 있다. 1930년대 이전까지 남성의 전유물이었던 넓은 어깨가 1931년 엘사 스키아파렐리에 의해 여성 정장에 도입되었고, 이를 할리우드 영화사들이 마를렌 디트리히에 맞게 변형하였다. 1930년대와 제2차 세계대전까지 세련된 슈트는 어깨 패드가 들어간 각진 모양이었다. 이러한 넓은 어깨는 여성의 사회적 진출로 인해 직업여성의 수가 증가한 1980년대에 파워 슈트(power suit)로 여성복에 다시 등장하였다. 남성적 요소인 어깨 패드를 넣은 넓은 어깨와 엉덩이를 덮는 재킷, 짧은 스커트로 이루어진 빅 룩(big look)의 파워 슈트는 남성의 영역에 도전하는 야심만만한 직장여성들에게 큰 인기를 얻으며 유행하였다. 이러한 어깨 패드는 2009년 발망의 컬렉션에서 깔끔하고 작으면서 뾰족하게 위로 솟은 여성스러운 형태로 다시 나타났다.

남성복의 여성화

중세 후기부터 남성의 복식은 르네상스시대와 바로크시대를 거쳐 18세기 로코코시대에 이르기까지 레이스, 리본, 자수로 장식하는 등 점점 화려해졌다. 그러나 프랑스혁명과 산업혁명을 거쳐 산업사회로 넘어가면서 남성복의 색상이 어두워지고 수수한 형태로 바뀌었다. 그러다가 1967년 피코크 혁명 이후 남성도 개성을 표현하려는 사고의 변화로 남성복이 여성화 경향을 나타내며 다시 화려해지기 시작했다. 와이셔츠와 넥타이의 색이 다양해졌으

초커를 한 남성
J.W. Aderson 공식 인스타그램

트위드 재킷과 진주 목걸이를 착용한 남성
Channel 공식 인스타그램

며 프릴, 레이스 등의 장식, 꽃무늬, 실크 소재 등 여성복과 남성복의 경계가 허물어졌다. 또한 여성의 상징이던 긴 헤어스타일과 화장도 남성들이 하게 되었고, 귀걸이, 목걸이, 핸드백 등도 남성들의 패션 아이템이 되었다.

복식의 젠더리스화

1960년대에는 여성해방운동과 더불어 젊음을 추구하는 시대에 어울리게 남녀가 같이 입는 티셔츠, 진 등의 유니섹스(unisex) 모드가 유행하였다. 유니섹스 모드는 남성적이지도 여성적이지도 않는 중성적 스타일로 남자와 여자가 혼용하는 복식을 말한다. 이는 착용자의 성을 복식으로 더 이상 구별할 수 없으며 나아가 복식은 더 이상 유혹의 수단으로 사용될 수 없음을 암시하는 것이다.

유니섹스
Polo 공식 인스타그램

앤드로지너스 룩
혼성 듀오 유리스믹스의 여성 보컬 애니 레녹스
유리스믹스 공식 인스타그램

앤드로지너스 룩
진하게 화장한 보이 조지(George Alan O'Dowd)
〈쇼 비즈니스-더 로드 투 브로드웨이, 2007〉

한편 여성복의 남성화, 남성복의 여성화 경향이 두드러지면서 여성은 남성적인 옷차림으로 남성 지향을, 남성은 여성적인 옷차림으로 여성 지향을 추구하는 양성화 경향이 나타나게 되었다. 이러한 양성화 경향은 복식에 남성성과 여성성을 동시에 표현함으로써 양성적 이미지를 나타내는 앤드로지너스 룩(androgynous look)을 창조하였다. 여성이 남성용 재킷, 바지, 와이셔츠, 넥타이를 입고 남자처럼 눈썹을 굵고 진하게 그리는 것이나 남성이 스커트를 착용하고 여자처럼 화장하는 것을 말한다. 데이비드 보위, 마크 볼란, 보이 조지, 프린스 등 남성 가수들의 여성스런 복장과 진한 화장, 유리스믹스의 남성적 스타일을 예로 들 수 있다. 이러한 앤드로지너스 룩은 1980년대 포스트모더니즘의 영향으로 성에 대한 고정관념이 해체되면서 나타났다고 볼 수 있다.

2000년대 이후 성역할에 대한 과거의 고정관념이 사라지면서 오늘날 복식에 있어 남성복과 여성복의 구분은 있으나 점점 경계가 없어지는 젠더리스(genderless) 경향이 강조되고 있다. 현대 패션에서 나타나는 젠더리스는 유니섹스와 같은 중성을 의미하기보다 양성성을 추구하는 시대의 흐름에 맞게 남성성과 여성성이 함께 표현되는 패션이라고 할 수 있다.

2 영화 의상에 표현된 성

영화가 만들어진 시대에 따라 성의 표현이 다르고 이것이 영화 의상에 반영되었다. 따라서 영화 의상을 통해 당시의 성에 대한 인식을 살펴볼 수 있다.

남성성의 표현

초기 영화에서 남성의 경우 전통적인 남성성이 우세한 사회적 분위기로 남성 의복은 주로 셔츠, 재킷, 바지 등으로 구성된 전형적인 슈트 스타일로 제한되었다. 당시 대표적인 남자 배우로는 〈어떤 휴가, 1938〉, 〈북북서로 진로를 돌려라, 1960〉, 〈러브 어페어, 1958〉의 캐리 그란트(Cary Grant), 〈어느 날 밤에 생긴 일, 1938〉, 〈검은 태양은 밝아온다, 1957〉, 〈바람과 함께 사라지다, 1958〉에서의 클라크 케이블(Clark Gable), 〈카사블랑카, 1949〉, 〈사브리나, 1954〉의 험프리 보가트(Humphrey Bogart) 등이 있다. 단정한 헤어스타일,

캐리 그란트　클라크 케이블
전통적인 남성 이미지를 표현한 배우

전통적 남성성이 가장 잘 드러나는 중후한 슈트, 그에 어울리는 중절모는 당시의 남자 주인공을 가장 멋지게 표현하는 것이었다. 우리나라에서는 〈이 생명 다하도록, 1960〉, 〈눈물의 박달재, 1970〉의 남궁원, 〈동심초, 1959〉, 〈자유부인, 1981〉의 최무룡 등이 전통적인 남성성을 표현하는 대표적 배우였다.

제임스 딘 말론 블란도
섹시한 남성 이미지를 표현한 배우

그 후 경제성장으로 소비의 시대가 되면서 1960년대 영화 속 남성성에 대한 표현이 변화하였다. 처음으로 섹시함을 강조한 배우들이 나타나 대중의 사랑을 받기 시작하였다. 이들은 몸이 드러나는 스타일을 선호하면서 단추를 풀어 상체를 노출하는 티셔츠와 피트감 있는 재킷, 청바지, 흘러내리는 앞머리 등으로 과거에 단정하며 노출이 전혀 없었던 전통적 남성에서 흐트러진 반항적인 남성으로 표현된 것이 특징이다. 이러한 이미지를 갖는 대표적인 배우인 제임스 딘(James Byron Dean)은 〈에덴의 동쪽, 1955〉, 〈이유 없는 반항, 1955〉, 〈자이언트, 1956〉에서 그의 섹시한 매력을 잘 보여 주었다. 또한 〈욕망이라는 이름의 전차, 1957〉의 말론 브란도, 〈태양은 가득히, 1960〉의 알랭 드롱(Alain Delon) 역시 남성의 섹시함을 강조하고 있다. 국내에서는 〈맨발의 청춘, 1964〉의 신성일이 있었으며, 〈태양은 없다, 1999〉, 〈비트, 1997〉의 정우성, 〈불새, 1997〉의 이정재 등을 들 수 있다.

리처드 기어 조지 클루니
신남성 이미지를 표현한 배우

사회가 안정됨에 따라 자신에 대한 관심이 높아지며 패션과 외모를 중시하는 신남성들이 나타났다. 이러한 이미지를 가진 대표적인 배우로는 〈아메리칸 지골로, 1980〉, 〈프리티 우먼, 1990〉의 리처드 기어(Richard Gere)와 〈오션스 일레븐, 2001〉, 〈참을 수 없는 사랑, 2003〉의 조지 클루니(George Clooney)가 있다. 국내 배우로는 〈굿모닝 프레지던트, 2009〉, 〈위험한 관계, 2012〉의 장동건을 들 수 있다.

한편으로 남성의 여성화에 반발하면서 극단적으로 남성의 과도한 권력과 힘을 강조하는 패션에는 무관심한 남성들도 나타났다. 이들은 카우보이 모자, 부츠, 진, 근육질의 몸매, 땀을 흘리는 모습으로 표현된다. 이처럼 과장된 힘을 가진 파워풀한 이미지를 가진 배우로는 〈터미네이터, 1984〉의 아놀드 슈왈츠제네거(Arnold Schwarzenegger), 〈록키, 1976〉의 실버스타 스탤론(Sylvester Stallone)을 들 수 있다. 국내 배우로는 〈범죄도시, 2017〉, 〈챔피언, 2018〉의 마동석, 〈부당거래, 2010〉, 〈베테랑, 2015〉의 황정민 등이 있다.

아놀드 슈왈츠제네거　　존 웨인
파워풀한 남성 이미지를 표현한 배우

성에 대한 평등, 과거의 남성스러움에 대한 사회적 요구가 사라짐에 따라 양성화된 남성 이미지가 나타났다. 〈노팅힐, 1999〉, 〈러브 액츄얼리, 2003〉의 휴 그랜트(Hugh Grant)와 〈로맨틱 홀리데이, 2006〉의 주드 로(David Jude Law)는 웨이브 있는 헤어스타일, 부드러운 말투와 행동, 매끄러운 피

주드 로　　휴 그랜트
양성화된 남성 이미지를 표현한 배우

부, 깔끔하고 중성적인 패션 스타일 등으로 양성화된 남성을 표현하고 있다. 국내에는 박보검, 이종석, 정해인 등을 들 수 있다.

여성성의 표현

잉그리드 버그만 그레이스 켈리
전통적 여성 이미지를 표현한 배우

영화에서 나타나는 여성성 또한 성역할에 따라 다르게 표현된다. 전통적 남성성이 지배적이었던 과거에는 지극히 순종적인 여성적 우아함을 선호하였다. 말투부터 행동에 이르기까지 조용하고 차분한 스타일이 주를 이루었다. 이를 표현하기 위해 극단의 여성스러운 스타일, 코르셋 착용으로 가는 허리 강조, 금발 등으로 과거 남성이 선호하는 순종적 여성 스타일을 나타냈다. 이런 전통적 여성 이미지를 가진 대표적인 배우로는 〈카사블랑카, 1949〉, 〈이수, 1961〉의 잉그리드 버그만(Ingrid Bergman), 〈상류사회, 1956〉, 〈다이얼 M을 돌려라, 1954〉의 그레이스 켈리(Grace Kelly) 등이 있다. 국내의 경우 이와 같은 이미지는 우아한 한복과 올림머리로 전통적 한국의 우아한 여성미를 표현하였다. 〈동심초, 1959〉의 최은희, 〈팔도기생, 1968〉의 김지미가 있으며, 윤정희와 남정임도 당시의 여성적 이미지를 표현하였다.

마릴린 먼로 소피아 로렌
섹시한 여성 이미지를 표현한 배우

1960년대 여성의 의식 변화로 자신에 대한 표현이 솔직해지기 시작하면서 할리우드에서는 핀업

걸이라는 노출이 많고 화장이 짙은 섹시함을 강조한 여배우들이 인기를 누렸다. 〈7년만의 외출, 1955〉, 〈뜨거운 것이 좋아, 1961〉의 마릴린 먼로(Marilyn Monroe)는 금발, 진한 화장, 검은 레이스 속옷, 드러난 다리와 하이힐, 육감적 포즈 등으로 섹시함을 표현하였다. 소피아 로렌(Sophia Loren)과 브리짓 바르도도 금발, 육감적인 몸을 극도로 강조하는 달라붙는 상의와 졸라맨 허리, 엉덩이를 강조하는 A라인 플레어스커트 등으로 섹시한 이미지를 강조했다. 국내 배우로는 〈겨울여자, 1977〉의 장미희, 〈뻐꾸기도 밤에 우는가, 1981〉의 정윤희 등이 있다.

한편 1960년대 후반 여성의 해방을 주장하는 페미니즘 운동이 일어나면서 극단적인 페미니스트들을 만들어냈다. 이들은 화장을 하지 않고 의도적으로 여성적인 의복을 회피하며 남성화된 의복으로 자신들의 이미지를 만들었다. 우디 알렌 감독의 〈애니 홀, 1977〉에서 다이앤 키튼(Diane Keaton)은 셔츠, 넥타이, 조끼, 재킷, 와이드 팬츠로 구성된 스리피스 슈트, 갈색의 모자, 낮은 굽의 신발 등으로 남성화된 여성을 표현하면서 애니 홀 룩을 만들었다. 또한 미국 여성들에게 처음으로 바지를 입힌 여배우로 평가받는 캐서린 헵번(Katharine Hepburn)도 들 수 있다. 국내의 경우 문소리, 배종옥, 김서형 등이 있다.

다이앤 키튼 캐서린 헵번
남성화된 여성 이미지를 표현한 배우

〈어느 날 그녀에게 생긴 일, 2002〉에서 아나운서 역할의 안젤

안젤리나 졸리 레이첼 맥아담스
양성화된 여성 이미지를 표현한 배우

리나 졸리, 〈사랑은 언제나 진행 중, 2009〉에서 커리어 우먼 역할을 맡은 캐서린 제타 존스, 〈굿모닝 에브리원, 2010〉에서 레이첼 맥아담스는 사회적으로 성공한 여성으로 짙은 색의 스커트 정장에 단정한 헤어스타일, 서류가방, 샤넬 스타일의 목걸이와 벨트, 귀걸이, 매니큐어 한 손톱으로 남성성과 여성성이 혼재된 기능적인 복장으로 양성화된 여성의 이미지를 보여주었다. 국내에는 전지현, 김남주 등이 있다.

〈필라델피아, 1993〉

〈브로크백 마운틴, 2005〉

다양한 성의 표현

과거의 이분법적 성에 대한 사고에서 다양한 성을 인정하려는 사회적 분위기에 따라 동성애자나 양성애자 등의 성소수자도 사회적으로 인정받고 함께 살아가는 존재로 점차 인식이 변하고 있다. 1960년대 성의 억압으로부터 해방을 추구하는 사회적인 움직임이 시작되면서 1990년 이후 많은 퀴어 영화들이 상영되고 있다. 〈필라델피아, 1993〉, 〈해피 투게더, 1998〉, 〈브로크백 마운틴, 2005〉, 〈캐롤, 2015〉에서는 동성애자를 의복으로 표현하지 않았다.

그러나 자신의 성 정체성을 찾아가는 과정을 그린 〈나의 장밋빛 인생, 1997〉, 〈서던 컴포트, 2000〉, 〈헤드윅, 2001〉, 〈로렌스 애니웨이, 2012〉, 〈대니쉬 걸, 2016〉, 우리나라의 〈천하장사 마돈나, 2006〉에서는 남성에서 자신의 성 정체성을 찾아 여성의 모습으로 변화되어가는 외적 변화의 과정을 의복으로 보여주고 있다.

크로스 드레싱은 자신이 지닌 생물학적 성과 반대 성의 의복을 입는 것으로 여자가 남장을 하거나 남자가 여장을 하는 행위를 말한다. 무성영화시대의 찰리 채플린 이후 시작된 영화 속 크로스 드레싱은 잠시 다른 성의 의복을 입음으로써 웃음을 유발하는 코미디 장르의 영화에서 많이 나타나고 있다.

영화에서 표현되는 크로스 드레싱은 주로 많은 영화에서 남성이 여장을 한 모습으로 표현되는데 〈뜨거운 것이 좋아, 1959〉, 〈투씨, 1982〉, 〈미세스 다웃 파이어, 1993〉, 〈빅마마 하우스, 2011〉 등이 있으며 우리나라 영화로는 〈여자가 더 좋아, 1965〉, 〈찜, 1998〉 등을 들 수 있다. 그러나 〈록키 호러 픽쳐 쇼, 1975〉, 〈프리실라의 모험, 1994〉, 〈벨벳 골드마인, 1998〉, 〈쇼를 사랑한 남자, 2013〉와 같이 남성의 과장된 여장을 보여주는 드래그 퀸을 다루는 영화도 있다.

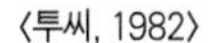
〈투씨, 1982〉

〈미세스 다웃 파이어, 1993〉

반면 영화 속에서 여성의 남성복 착용은 남성과 동등한 지위와 능력, 즉 힘을 상징하거나 생존을 위한 크로스 드레싱 혹은 폐쇄된 남성문화에 대한 도전 등으로 많이 표현된다. 시대적 상황에 의해 제한된 여성의 역할을 남장이라는 수단을 통해 이루려고 했던 〈세익스피어 인 러브, 1998〉, 생계를 위

〈쉬즈 더 맨, 2006〉

〈뮬란, 1998〉

한 남장을 다룬 〈모로코, 1930년〉, 〈앨버트 놉스, 2011〉, 집안을 위해 아버지 대신 전쟁에 나가려고 남장을 한 만화영화 〈뮬란, 1998〉, 남성의 세계에 도전하기 위해 남장한 주인공을 다룬 〈쉬즈 더 맨, 2006〉 등이 있다. 우리나라의 일제강점기를 배경으로 한 〈청연, 2005〉은 여성 최초 파일럿 박경원의 이야기를 다룬 영화로 주인공은 실제 남성처럼 옷을 입고 다녔는데 이는 여성차별에 대한 반발을 표현하는 것이었고, 〈도리화가, 2015〉에서는 여자가 판소리를 할 수 없었던 시대에 남장을 하고 판소리를 하는 여자 주인공의 이야기를 다루고 있다.

CHAPTER 6

영화 의상과 간접광고

간접광고(PPL: Product Placement)는 상업적 의도가 드러나지 않도록 하면서 상품에 대한 소비자의 인지도를 높이고 호의적인 이미지를 갖게 하는 것을 말한다. 기존의 4대 광고매체인 신문, 잡지, 라디오, TV의 전통적인 광고들은 재핑(zapping: 리모컨으로 TV 채널을 이리저리 변환하는 것을 말하는 용어)이나 지핑(zipping: 비디오 시청 중 일부 구간을 건너뛰는 것을 일컫는 용어)으로 소비자 선택에 따라 보지 않고 건너뛸 수 있다. 그러나 영화의 간접광고는 관객이 피하기가 쉽지 않아 직접광고보다 효과가 더 좋을 수 있다. 현대사회에서 소비는 자신을 나타내는 기호와 취향으로 물건에 의미를 부여하므로 직접광고보다 영화 속에 녹아든 간접광고가 소비를 유도하는데 유리하다. 영화에서 배우들이 입고, 먹고, 만지면서 제품의 실제 사용 상황을 소비자들에게 보여 줌으로써 관객들이 자신도 모르게 소비욕구를 가지도록 유도한다. 이는 영화가 현실성 있게 보이는데 도움을 줄 뿐 아니라 소비자들이 규격화된 광고방송에 비해 거부감을 덜하게 하여 제품이나 브랜드를 좀 더 쉽게 받아들이도록 한다. 과거와 달리 최근에는 복합쇼핑몰 공간에 영화관이 함께 위치하여 영화 관람 후 바로 소비의 공간으로 이동이 가능해 간접광고의 효과를 극대화시킬 수 있고, SNS, 블로그 등 다양한 매체를 통해 스타들의 실생활에 대한 실시간 정보를 알게 됨으로써 스타들과 관계가 멀지 않다고 느끼는 현대인들은 이들의 삶을 모방하고자 하는 심리적 욕구가 높아 영화 속 스타를 통한 간접광고가 더욱 효과적이게 된다.

간접광고 중 의류의 비율은 높은 편인데 이는 스타마케팅을 전개하면서 의류브랜드 이미지에 맞는 배우에게 의류를 협찬하는 것이 용이하고, 의류는 생필품에 해당되어 영화의 장르나 시나리오에 관계없이 다른 제품군들에 비해 로고의 노출이 자연스럽다는 특성이 있기 때문이다. 영화의 주인공이 입고 나오는 의복은 관객들이 별다른 거부감 없이 제품이나 브랜드를 좀 더 쉽게 받아들일 수 있어 간접광고의 효과가 좋은 편이다.

〈E.T., 1982〉

영화의 간접광고는 〈milded pierce, 1945〉에서의 버번위스키 장면을 최초로 꼽는데, 영화 상영 후 버번위스키의 판매량이 늘어남으로써 영화의 간접광고 효과에 대해 깨닫는 계기가 되었다. 1970년대 이전 영화의 간접광고는 소품담당 정도로 광고 효과가 그리 중요하게 생각되지 않았다. 그러나 〈E.T., 1982〉에서 E.T.에게 초콜릿을 건네주는 장면이 엄청난 광고 효과를 내면서 허쉬사의 M&M 초콜릿이 성공한 이후 본격적으로 영화 속 간접광고에 대해 관심을 갖기 시작하였다.

우리나라는 〈결혼이야기, 1992〉에서 삼성전자가 신혼용 가전제품 전체를 제공하고 영화표 5만 장을 구입하였는데 이 영화는 그해 최고 흥행기록을 세우며 삼성전자에 큰 이익을 주었다. 이렇게 시작된 간접광고는 〈접속, 1997〉에서 본격화되었다. 통신을 통한 사랑 이야기인 〈접속〉은 당시 통신업체인 유니텔이 명필름에 인터넷 사이트 무료 개설과 천만 원 상당의 영화

〈쉬리, 1999〉
레스토랑 간접광고

〈접속, 1997〉
유니텔 간접광고

입장권 구매로 신규 가입자들이 30% 증가하는 효과를 가져왔다. 〈쉬리, 1999〉에서는 30개 넘는 협찬사가 모두 매출 상승을 보임에 따라 기업들은 영화 속 간접광고에 대해 긍정적인 반응을 보이기 시작하였다.

1990년 이후 영화 제작비의 상승 등으로 간접광고는 관객이 피곤을 느낄 정도로 급격하게 증가하고 있다. 영화산업에서 자금조달은 좋은 영화를 위한 중요한 문제이나 이는 간접광고가 불필요할 만큼 늘어나고 있는 원인이 되기도 한다. 간접광고는 영화제작사 입장에서는 제작비에 도움이 되며, 광고주 입장에서는 틀에 박힌 상업광고보다 훨씬 저렴한 비용으로 광고가 가능하고, 영화에서 제품의 리얼리티를 살려 고객의 신뢰를 얻을 수도 있어 광고 효과가 높은 이점이 있다. 그러나 무차별적으로 노출되는 간접광고는

〈도둑들, 2012〉
전지현의 샤넬 수트

〈그랜드 부다페스트 호텔, 2014〉
마담 D.가 입은 펜디의 검은색 밍크 장식의 벨벳 코트와 프라다의 여행 가방

〈킹스맨, 2014〉
헌츠맨 양복점의 크리에이티브 배치

영화의 흐름을 깨고 소비자에게 오히려 부정적 인식을 줄 수 있으므로 영화의 흐름을 방해하지 않도록 자연스럽게 이루져야 한다.

간접광고는 어떻게 하느냐에 따라 효과가 달라지는데 간접광고를 하는 방법에 따라 온셋 배치(Onset placement)와 크리에이티브 배치(Creative placement)로 나누어볼 수 있다. 온셋 배치는 배우에 의해 언급되거나 사용되는 것이며, 크리에이티브 배치는 한 장면의 배경에서 제품이나 로고가 보이는 것을 말한다. 주인공이 직접 제품을 입거나 사용할 때가 단순히 영화 장면의 배경으로 제품이 사용되는 경우보다 소비자들의 눈에 더 잘 띄게 되므로 온셋 배치가 크리에이티브 배치보다 전달력이 좋다.

소비자는 제품에 반복적으로 노출되면 그 제품에 대한 친숙성이 증가되어 그 제품이나 브랜드에 대해 긍정적인 반응을 보인다. 구두를 통해 사랑을 시작한다는 〈신부수업, 2004〉에서 주인공은 탠디 구두를 착용하고, 〈영어완전정복, 2003〉에서는 주인공의 직장이 구두 매장이어서 탠디 제품 및 매장 전체를 반복 노출함으로써 광고효과를 얻고자 했다.

그런데 간접광고는 어느 장면에서 어떻게 사용되는지에 따라 그 효과가 달라진다. 제품이 중요한 장면에서 사용될 때 더 효과적이며 간접광고가 되는 상황이나 분위기는 그 제품의 특성을 해석하는데 영향을 미친다. 예를 들어 〈악마는 프라다를 입는다, 2006〉에서 주인공 앤디는 자신의 패션을 변화해야겠다는 결심으로 동료 나이젤에게 옷과 구두를 추천받는데 이 장면에서 나이젤은 샤넬 재킷을 건네주며 "샤넬, 샤넬은 꼭 있어야 해."라는 대사를 한다. 그리고 다음 장면에 앤디는 샤넬 브랜드를 입고 패셔너블하게 변신한 모습으로 관객들의 주목을

〈악마는 프라다를 입는다, 2006〉
샤넬 재킷을 입은 앤디

끈다. 이처럼 중요한 장면에서의 샤넬 간접광고는 패셔너블한 사람에게는 꼭 필요하고 중요한 아이템이라는 브랜드 이미지를 심어주었다.

영화의 한 장면과 함께 제품이 연결될 경우 나중에 회상을 통해 제품에 대한 인지도를 높일 수 있다. 예를 들어 〈챔피언, 2002〉에서 권투 선수의 의상으로 의류 브랜드 스프리스를 노출시키고, 동시에 스프리스 매장에서는 〈챔피언〉의 화보를 디스플레이 함으로써 간접광고 효과를 높였다. 〈위대한 개츠비, 2013〉에서도 개츠비는 슈트부터 일상복까지 패션 브랜드 브룩스 브라더스를 입고 나오며, 영화 상영과 함께 브룩스 브라더스는 개츠비 콜렉션을 런칭하고 매장과 온라인에서 판매하여 광고 효과를 높였다.

사회학습을 이용한 간접광고도 있다. 예를 들어 영화 속 주인공이 발수기능이 있는 바지를 입고 커피를 쏟는 장면에서 커피가 바지 위로 굴러 떨어지며 털어내는 장면을 보고 그 바지의 발수기능에 대해 알게 하는 것이다. 이처럼 직접적인 경험 없이도 영화 속 배우의 행동과 그에 따른 결과를 관찰하게 함으로써 제품의 속성에 대한 간접광고를 하는 경우도 있다.

개에게 음식을 줄 때마다 종소리를 들려주는 것을 반복하면 나중에는 종소리만 들어도 음식에 대한 자극을 받아 침을 흘린다는 파블로프의 고전적 조건화 이론처럼 좋아하는 배우가 특정 브랜드의 옷을 선호하고 자주 입는 모습을 보이면 그 브랜드에 대한 호감이 생겨 나중에 배우가 없더라도 그 브랜드에 대한 선호도가 높아진다. 대중에게 사랑받고 있는 배우 전지현은 〈베를린, 2013〉에서 알려지지 않은 신진 브랜드 JO5의 트렌치코트를 착용하였는데, 이는 관객들의 구매로 이어져 트렌치코트의 품절 사태를 일으킨 것은 물

〈베를린, 2013〉
전지현의 트렌치코트

론, 브랜드를 알리는 계기가 되어 매출 상승에 영향을 주었다.

최근 라이프 스타일의 변화로 영화 관람객이 증가하여 2013년 우리나라 영화 역사상 최초로 영화 관객이 2억 명을 넘어섰다. 〈명량, 2014〉에서 1,700만 관객을 돌파한 이후 많은 영화에서 천만 관객 시대를 맞이하고 있다. 우리나라 2017년 1인당 연간 평균 영화 관람횟수는 4.25회로 세계 최고 수준이다. 이처럼 한국 영화시장이 성장함에 따라 20세기 폭스사의 〈황해, 2010〉, 〈곡성, 2016〉과 워너브라더스사의 〈밀정, 2016〉처럼 미국 영화사들의 투자가 이어지고 있다. 그러므로 활황을 맞이한 한국 영화시장에서 간접광고는 광고주에게 매우 매력적인 마케팅 도구로 다가온다. 패션 브랜드에서도 영화를 이용한 간접광고를 적극적으로 활용하고 있는데, 브랜드의 이미지를 잘 살릴 수 있는 영화와 배우를 선정하여 영화 줄거리에 자연스럽게 녹아들고 맥락에 맞게 패션상품을 간접광고하는 것이 중요하다.

CHAPTER 7

영화로 보는 패션 디자이너

영화 속 의상은 우리에게 즐거움과 많은 영감을 주는데 유명 패션 디자이너의 이야기는 종종 영화의 소재로 사용된다. 샤넬의 경우 〈샤넬, 1981〉, 〈코코 샤넬, 2009〉, 〈샤넬과 스트라빈스키, 2011〉에서 다루어졌으며, 이브 생 로랑도 〈이브 생 로랑의 라무르, 2010〉, 〈생 로랑, 2014〉, 〈이브 생 로랑, 2014〉에서 다루어졌다. 이외에도 발렌티노를 다룬 〈마지막 황제, 2008〉와 크리스찬 디올의 〈디올 앤 아이, 2014〉는 패션을 사랑하는 많은 이들에게 화제가 되었다. 이러한 패션 디자이너를 소재로 하는 영화는 패션 디자이너의 일생과 패션 작품을 다루면서 우리에게 많은 볼거리와 패션 정보를 제공한다.

패션 디자이너 샤넬(Gabriel Chanel, 1883~1971)은 1913년 프랑스 도빌에 모자 매장을 선보이면서 여성복 디자이너로 성장했다. 샤넬 NO.5 향수, 리틀 블랙드레스, 저지 소재의 활동성 있는 슈트, 샤넬라인 스커트, 클래식 핸드백은 샤넬의 대표적 작품으로 지금까지도 많은 사랑을 받고 있다. 샤넬을 다룬 세 편의 영화 모두에서 그녀의 대표적인 패션들을 만날 수 있다. 〈샤넬〉은 어린 시절 샤넬에서 디자이너로 성공하기까지 그녀의 삶을 담은 내용으로 가브리엘 샤넬의 1920년대 가르손느 룩을 볼 수 있다. 오드리 토투 주연의 〈코코 샤넬〉 역시 〈샤넬〉과 마찬가지로 샤넬의 사랑과 디자이너로서의 성공 과정을 그리고 있다. 두 영화 모두 샤넬 매장 내의 패션 쇼 모습은 당시 모습을 재현해 내고 있어 샤넬의 블랙드레스나 인조 진주 목걸이, 샤넬 슈트 등 대표적인 샤넬 패션을 볼 수 있다는 공통점이 있으나 영화의 제작 시기가 달라 주인공의 메이크업 등에서 시대의 차이를 볼 수 있다. 〈샤넬과 스트라빈스키〉는 샤넬과 러시아 음악가 스트라빈스키의 격정적 사랑을 다루고 있다. 영화의 많은 부분들이 허구로 알려져 있지만 스트라빈스키는 그 당시 혁신적인 발레 음악인 '봄의 제전'을 만들어내고 샤넬 역시 기존의 틀을 깨는 디자인을 만들면서 둘만의 예술적 공감대를 갖는 사랑을 하게 된다. 샤넬

〈샤넬, 1981〉

〈코코 샤넬, 2009〉

〈샤넬과 스트라빈스키, 2011〉

의 수석 디자이너 칼 라거펠트가 의상을 담당하고 샤넬의 뮤즈인 아나 무글라리스가 주연을 맡은 〈샤넬과 스트라빈스키〉는 당시의 샤넬 패션이 표현되어 있긴 하지만 앞의 〈샤넬〉이나 〈코코 샤넬〉과 달리 샤넬 패션의 사실적 묘사는 덜하다.

이브 생 로랑(Yves Saint Laurent, 1936~2008)은 대표작으로 1966년에 발표한 르 스모킹(Le Smocking)을 들 수 있는데 이는 시대 변화에 따른 새로운 여성상에 맞는 여성 패션의 혁명으로 볼 수 있다. 이브 생 로랑은 예술에도 관심이 많아 미술작품과 의상을 접목시킨 패션을 많이 선보였다. 대표적으로 몬드리안 룩이 있으며 반 고흐의 해바라기 작품과 앤디 워홀의 팝아트 작품 등을 의상에 적용하였다. 또한 다양한 문화권에 관심을 보여 이국적인 느낌의 에스닉 룩도 선보였다. 〈이브 생 로랑의 라무르, 2010〉는 이브 생 로랑의 연인 피에르 베르제의 내레이션과 회고를 통해 이브 생 로랑의 인생과 디자인 세계를 정리한 다큐멘터리 형식의 영화이고, 〈생 로랑, 2014〉과 〈이브 생 로랑, 2014〉은 이브 생 로랑의 사랑과 디자이너로 성장, 창작의 고통, 좌절과 극복을 통해 당대의 주목받는 디자이너로 거듭나는 과정을 그린 전기 영화이다. 이브 생 로랑을 다룬 세 영화 모두에서 그의 대표적 작품인 르 스모

〈이브 생 로랑의 라무르, 2010〉

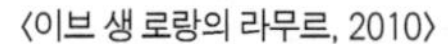

〈생 로랑, 2014〉

〈이브 생 로랑, 2014〉

〈생 로랑〉의 에스닉 룩

르 스모킹

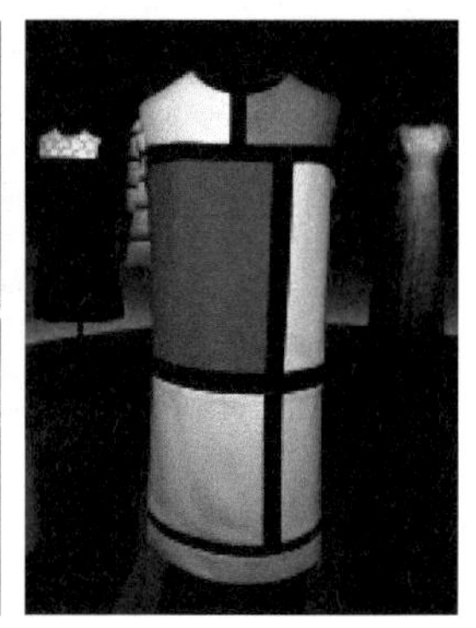

몬드리안 룩

〈발렌티노: 마지막 황제, 2008〉

킹, 몬드리안 룩, 에스닉 룩 등을 만날 수 있다.

발렌티노 가라바니(Valentino Garavani, 1933~)는 현재까지 꾸준히 오뜨 꾸뛰르적인 디자인을 선보이고 있다. 2010년 이후 패션계에서는 발렌티노의 여성스러움이 현대적으로 재해석되어 다시 사랑받고 있다. 디자이너 발렌티노를 다룬 〈마지막 황제, 2008〉는 발렌티노의 45주년 은퇴 패션쇼를 다룬 다큐멘터리 형식의 영화로 발렌티노 오뜨 꾸뛰르 패션의 제작과정을 세밀하게 들여다 볼 수 있으며, 발렌티노의 대표적인 레드 드레스와 여성미를 강조한 디자인들을 만날 수 있다.

크리스찬 디올을 다룬 〈디올 앤 아이, 2014〉는 그 당시 라프 시몬스가 크리스찬 디올의 수석 디자이너로 영입되면서 패션쇼를 위한 옷들을 만들어 내는 과정을 담은 다큐멘터리 형식의 영화이다. 과거 디올의 대표적인 작품들을 다루고 있지는 않지만 크리스찬 디올의 대표적인 뉴룩을 라프 시몬스가 재해석해 보이고 있다.

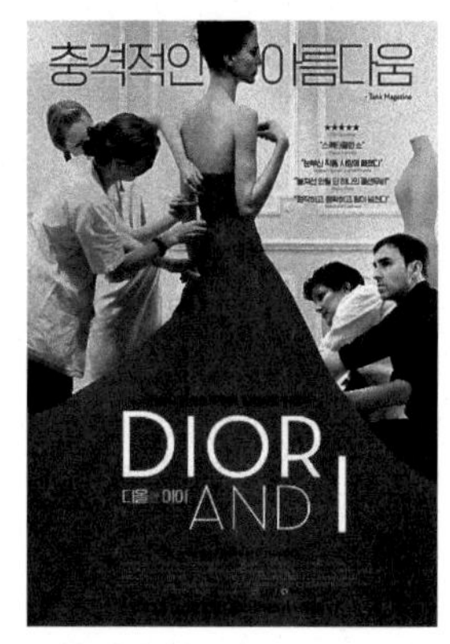

〈디올 앤 아이, 2014〉

이외에 〈셉템버 이슈, 2009〉에서는 패션계의 유명 편집장이었던 안나 윈투어의 잡지를 만드는 과정에서 타쿤(Thakoon), 베라 왕(Vera Wang), 장 폴 고티에(Jean Paul Gaultier) 등 많은 패션 디자이너와 당시의 패션을 한번에 볼 수 있다. 넷플릭스 패션 다큐멘터리인 〈드리스 컬렉션〉은 디자이너 드리스 반 노튼(Dries Van Noten)의 일반인과 디자이너로서의 삶을 동시에 다루는데 다양한 소재와 패턴을 천재적으로 믹스 앤 매치시키는 작품과 그의 패션 철학을 볼 수 있다. 그리고 〈도마뱀에게 구두를 지어준 소년: 마놀로 블라닉〉이라는 넷플릭스의 마놀로 블라닉(Manolo Blahnik) 다큐에서는 고급의 다양한 소재를 사용한 하이힐인 시그니처 구두는 물론, 그의 구두에 담긴 이야기와 독특한 일러스트를 볼 수 있다.

영화로 만들어질 만큼 유명한 패션 디자이너 외에도 우리의 패션에 영향을 준 디자이너들은 수없이 많다. 디자이너 시대를 열어준 최초의 패션 디자이너 찰스 워스(Charles Frederick Worth)는 자신의 이름을 라벨에 부착해 판매하였으며 당시 크리놀린으로 극단적으로 부풀려진 스타일에서 여성의 활동

〈셉템버 이슈, 2009〉

드리스 반 노튼

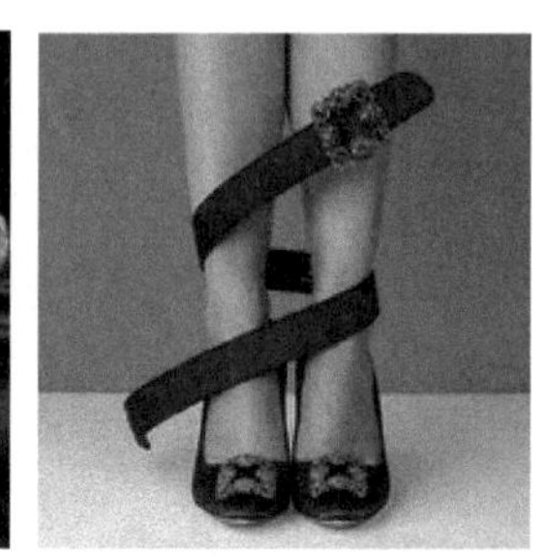

마놀로 블라닉

성을 배려한 버슬 스타일로 유행을 변화시켰다. 폴 푸아레(Paul Poiret)는 오랫동안 여성의 허리를 조이는 코르셋으로부터 신체를 보다 자유롭게 하는 스타일로 미나렛 스타일과 호블 스커트 등을 유행시켰으나 이는 또다시 여성의 보폭을 제한하는 결과를 낳기도 하였다.

엘사 스키아파렐리(Elsa Schiaparelli)는 1930년대 유행하던 예술 사조인 초현실주의를 패션에 접목하여 슈즈 hat, 쇼킹 핑크 등과 같은 독특한 패션을 선보이며 무엇이든 생각하는 모든 것이 패션이 될 수 있다는 다양한 패션에 대한 시각을 열어준 디자이너로 평가받고 있다. 이는 현재 장 폴 고티에(Jean Paul Gaultier), 마틴 마르지엘라(Martin Margiela), 알렉산더 맥퀸(Alexander McQueen) 등으로 이어지며 패션에서 새로운 시도가 행해지고 있다. 스키아파렐리, 샤넬과 동시대에 활동을 했던 비오네(Madeleine Vionnet)는 직물을 대각선으로 재단하는 바이어스 커트 기법을 고안하여 우아하게 드레이프 되는 드레스를 만들어 많은 디자인에 영향을 주었다.

앙드레 꾸레주(André Courregès)는 1960년대 피에르 가르뎅(Pierre Cardin), 파코 라반(paco Rabanne) 등 우주시대 패션을 이끌었던 디자이너 중의 하나로 미래적인 디자인과 미니멀리즘을 유행시켰다. 이세이 미야케(Issey

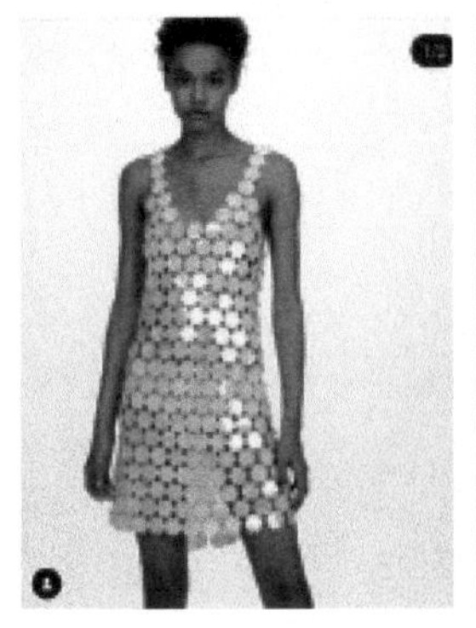

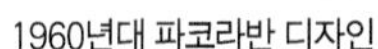

1960년대 파코라반 디자인

이세이 미야케 특유 주름 기법

낙하산 소재 프라다 가방

Miyake)는 플리츠 라인으로 자신의 디자인 입지를 굳혔고 인체의 구조적 표현과 실용적인 패션으로 많은 디자인에 영향을 주었다. 미우치아 프라다(Miuccia Prada)는 낙하산 소재의 나일론을 핸드백과 의복 등에 적용한 실용적인 디자인을 만들었고 스포티한 프라다 스포츠 라인 등을 유행시켰다. 1980년대를 대표하는 디자이너 조르지오 아르마니(Giorgio Armani)는 격식을 덜어내는 실용성과 편안한 중성적 스타일로 이탈리아 남성복을 세계에 알렸으며 드러나지 않는 무채색과 고급스런 소재로 아르마니 스타일을 만들어냈다.

유머를 잃지 않으며 실험적이고 전위적 방법으로 자신만의 디자인을 확실하게 표현했던 알렉산더 맥퀸은 대중들에게 패션을 표현하는 방법이 다양하다는 것을 알려 준 디자이너이다. 펑크 스타일로 시작한 영국 출신 디자이너 비비안 웨스트우드(Vivienne Westwood)는 유머러스함과 펑크, 영국스러움과 아방가르드, 시대를 넘나드는 특징이 있다. 그녀를 알린 미니 크리니(Mini-Crini)는 빅토리아 시대의 버슬을 아방가르드하게 재현한 것이다. 트위드와 체크, 클래식한 테일러링을 통해 영국적 요소를 꾸준히 보여주고 있다. 미국 출신 디자이너 토리 버치(Tory Burch)는 대중적인 명품을 선도한 디자이너로 엘리트적인 프레피와 보헤미안, 합리적인 럭셔리를 보여주고 있다.

비비안 웨스트우드의 영국 스타일의 아방가르드한 디자인

알렉산더 맥퀸의 아방가르드한 디자인

구찌의 뉴트로 룩

최근 주목받고 있는 디자이너로 구찌(gucci)를 회생시킨 알렉산드로 미켈레(Alessandro michele)는 원색, 꽃무늬, 다양한 패턴과 소재를 이용하여 구찌만의 빈티지함과 화려함으로 뉴트로 룩을 선보였다. 젊은 세대들은 이에 열광하였고 패션의 흐름을 뉴트로로 향하게 하는 전환점을 만들어 주었다.

이외에도 현재 수많은 디자이너가 활약하며 패션에 영향을 주고 있다. 영화를 통해 패션 디자이너의 이야기를 접하면 패션을 보는 즐거움과 더불어 패션을 이해하는데 도움이 된다. 보다 많은 디자이너들의 이야기가 영화로 만들어져 패션을 사랑하는 이들에게 감동과 즐거움을 주기를 기대해본다.

CHAPTER 8

영화로 보는 서양 복식

1 〈클레오파트라〉에서 보는 고대 이집트 복식

고대 이집트는 세계 4대 문명 발상지의 하나로 그 중심에 나일강이 흐르며 뜨겁고 건조한 아열대 기후였다. 이러한 기후에 적응하기 위해 복식은 신체에 간단히 걸치는 형태였다. 신체 노출이 많아 장신구가 발달하였고 장신구는 장식뿐 아니라 부적의 의미로도 사용되었다. 이집트인들은 다신교 중 특히 태양신을 숭배하였으며 영혼 불멸의 사상을 가지고 있었고, 신성시된 파라오를 중심으로 한 절대적 계급 사회를 이루었다. 왕을 상징하는 뱀, 독수리, 태양과 같은 상징적 요소들이 복식에 나타나고 있다. 대표적인 이집트 복식으로는 서양복식의 기본이 되는 천을 허리에 둘러 입는 로인 클로스(loin cloth), 시스 스커트(sheath skirt), 칼라시리스(kalasiris), 하이크(hike) 등이 있다.

고대 이집트 복식

Anherkhau 묘의 그림

◂ **로인 클로스**
허리에 둘러 입는 가장 간단한 옷으로 남녀가 모두 입는 기본적인 옷이었다. 길이, 장식 등으로 계급을 나타냈다.

◂ **칼라시리스**
직사각형의 반투명한 리넨 가운데에 목둘레선을 내고 여분의 천을 허리띠를 매거나 핀을 꽂아 다양한 형태로 입는다.

▴ **가발**
남녀 모두 청결을 위해 머리를 자른 뒤 가발을 착용해서 직사광선을 피했다. 신왕국 시대에 가발은 좀 더 장식적이 되면서 화려해졌다.

짐을 나르는 여자

◂ **시스 스커트**

끈이 달린 스커트로 일반 남녀가 모두 입었으나 주로 여자가 착용하였다. 가슴이 노출되거나 가리는 등 형태가 다양했다.

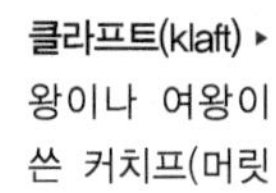

투탕카멘

클라프트(klaft) ▸

왕이나 여왕이 쓴 커치프(머릿수건)로 황금색과 청색의 줄무늬가 있는 것이 특징이며, 뱀과 독수리로 관을 장식하여 권위를 나타냈다. 눈을 보호하고 장식하기 위해 푸른색의 눈 화장을 짙게 하였다. 뱀의 표피를 모방해 만든 인공수염은 왕의 권위를 상징하였다.

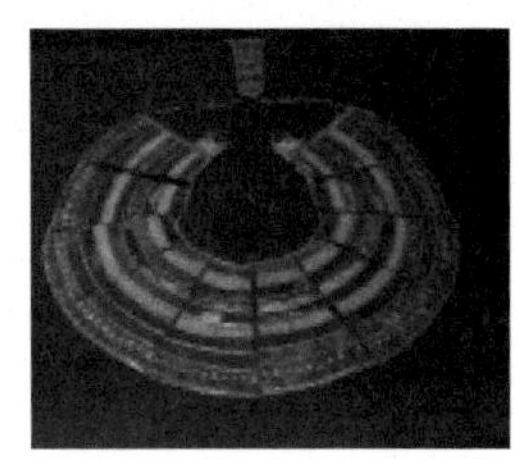

파시움

◂ **파시움(passium)**

독수리 날개를 형상화한 넓은 칼라 모양의 목걸이이다.

이중관 ▸

상 이집트를 상징하는 화이트 크라운, 하 이집트를 상징하는 레드 크라운이 상하 이집트가 통일되었을 때에는 이중관으로 함께 썼다.

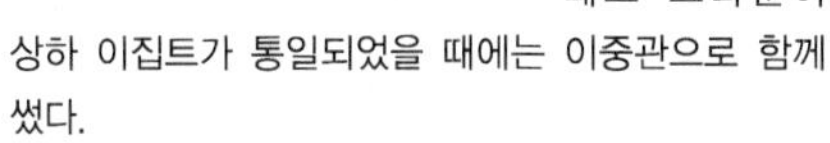

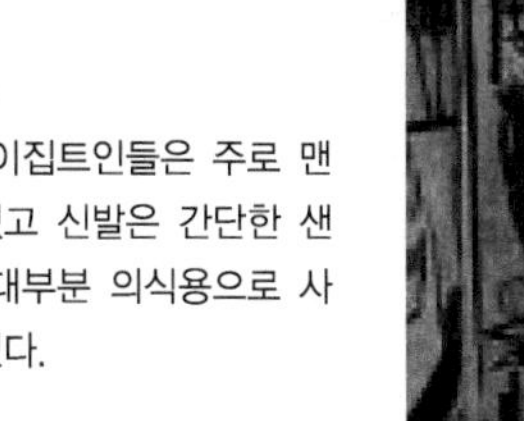

네페르타리(Nefertari)

활콘 ▸

가발 위에 활콘(독수리 장식이 있는 여왕이 주로 쓰던 관)과 타조 깃털과 태양 원반으로 장식한 관을 썼다. 칼라시리스를 입고 파시움을 착용하였다.

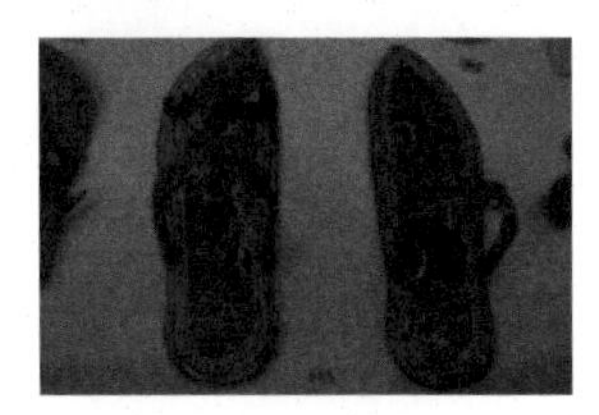

샌들

◂ **샌들**

고대 이집트인들은 주로 맨발이었고 신발은 간단한 샌들로 대부분 의식용으로 사용되었다.

〈클레오파트라, 1963〉는 이집트가 로마에게 정복 당하면서 로마의 시저와 클레오파트라, 안토니우스의 사랑을 그린 영화로, 이집트 복식이 잘 나타나 있어 1964년 아카데미 의상상을 받았다.

〈클레오파트라〉의 고대 이집트 복식

클레오파트라의 원피스는 시스 스커트를 표현한 것으로 보인다. 클레오파트라는 하 이집트를 상징하는 뱀이 장식된 레드 크라운을 쓰고 풍작을 기원하는 도리깨와 권위를 상징하는 지팡이를 들고 있다.

클레오파트라의 녹청색 눈 화장은 시원하게 보일 뿐 아니라 곤충의 접근을 방지하는 역할로 이집트에서 유행이었다. 가발 역시 여러 보석이나 리본 등과 함께 엮어 장식하면서 신분이나 위엄을 나타냈다. 원피스는 시스 스커트를 표현하고 있으나 허리를 강조하고 소매가 있는 형태는 영화적 사실주의 표현이다.

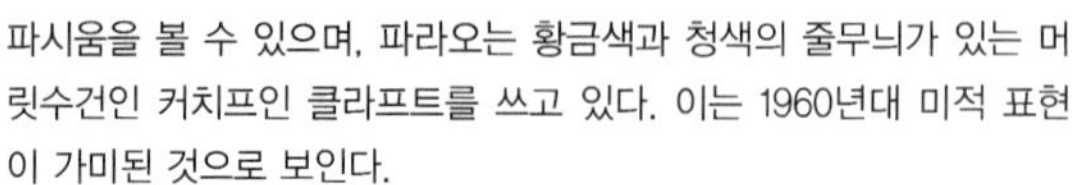

파시움을 볼 수 있으며, 파라오는 황금색과 청색의 줄무늬가 있는 머릿수건인 커치프인 클라프트를 쓰고 있다. 이는 1960년대 미적 표현이 가미된 것으로 보인다.

쇠뿔 위에 태양 원반 장식과 활콘을 표현하였다.

2 〈알렉산더〉에서 보는 고대 그리스 복식

서양 문화의 근간을 이루는 고대 그리스 문화는 폴리스(도시국가)를 바탕으로 성장하였다. 아테네와 스파르타가 주변 국가의 중심이 되었으며 이오니아인과 도리아인이 서로 다른 성격을 띠며 발전하였다. 고전시대에 그리스식의 정치제도와 인간 중심의 그리스 문화가 만들어졌고 이렇게 절정에 달한 그리스 문화는 페르시아 전쟁으로 마케도니아의 알렉산더 대왕에 의해 오리엔트 세계에 전파되면서 헬레니즘 문화를 만들었다. 인간을 가장 중요한 존재로 생각하는 고대 그리스 문화는 철학과 건축, 조각, 복식 등에 반영되어 잘 나타나고 있다.

건조하고 온화한 지중해성 기후와 인간 자체에 대한 아름다움에 가치를 두는 고대 그리스인들은 재단이나 봉제를 하지 않고 옷감을 그대로 자연스럽게 두르거나 걸쳐 인체의 곡선이 드러나게 하였다. 의복에서는 각 부분들의 비례와 균형 및 조화를 중요시하였다. 의복에 남녀 구별이 없었으며 계급을 상징하거나 과시하는 장식을 많이 볼 수 없다. 지중해를 통한 교역으로 마, 모, 견 등 다양한 재료의 옷감을 사용하였다. 고대 그리스 복식에는 기본이 되는 키톤(chiton), 히마티온(himation), 클라미스(chlamys) 등이 있다.

고대 그리스 복식

도릭 키톤(Doric chiton) ▸
도리아의 남녀가 입기 시작한 키톤으로 페플로스(peplos)라고도 한다. 착용자의 키보다 길고 폭이 넓은 직사각형의 천을 반으로 접어 몸에 두르고 어깨에서 각각 하나의 피불라(fibula) 핀으로 고정하여 입었다. 밖으로 내려 접은 천은 아포티그마(apotigma)이다. 두터운 모 소재로 주름이 적었으나 후기로 갈수록 이오닉 키톤과 같이 얇은 천의 주름이 많은 디자인으로 변화되었다.

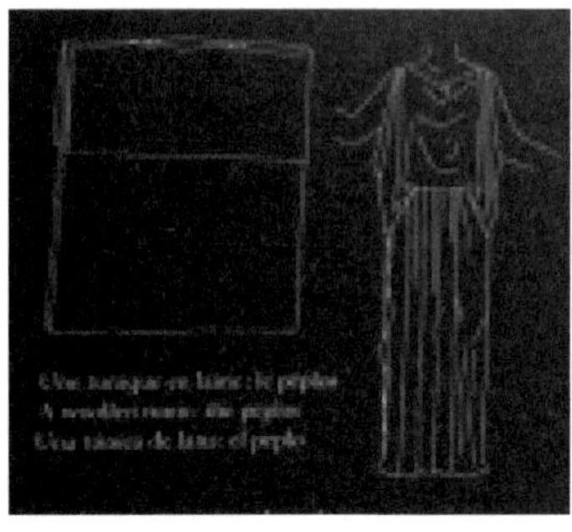
도릭 키톤 입는 법

도릭 키톤

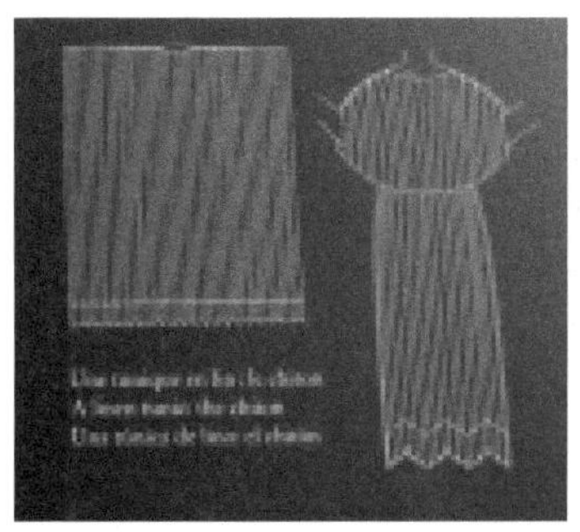
이오닉 키톤 입는 법

이오닉 키톤

◂ **이오닉 키톤**(Ionic chiton)
이오니아의 남녀가 입었던 키톤이다. 여러 개의 피불라 핀으로 어깨에서 앞뒤 천을 고정시켜 주름을 풍성하게 잡은 후 끈을 다양한 방식으로 둘러 소매와 상하의를 나누기도 하면서 여러 스타일을 만들어 입었다.

히마티온 ▸
몸을 충분히 감쌀 정도의 직사각형 천을 둘러 입는 것으로 천을 두르는 방법에 따라 다양한 모습으로 연출되었다. 주로 키톤 위에 걸쳤다. 조각상과 같이 철학자들은 청빈함을 나타내기 위해 속옷을 입지 않고 히마티온만 걸쳤다. 접시에 나타난 여자는 흰색의 페플로스에 빨간색 히마티온을 입고 있다.

히마티온

히마티온을 입은 여인

클라미스, 페타소스

◂ **클라미스**
주로 군인이나 남자가 여행이나 활동 시에 착용하였다. 히마티온보다 작은 직사각형의 천을 둘러 입는 방한용 의류로 가죽이나 모직으로 만들었다. 비석에 새겨진 젊은 남자는 짧은 키톤에 클라미스를 두르고 페타소스(petasos)라는 모자를 쓰고 있다.

쉬그논 헤어스타일 ▸
남자는 머리를 단정하게 했으며, 여자는 주로 쉬그논(chignon) 스타일로 가는 끈, 스카프, 리본, 캡 모양의 머리쓰개로 장식하였고 금발을 선호하였다.

쉬그논 헤어스타일

〈알렉산더(Alexander), 2004〉는 고대 그리스 도시국가의 하나인 마케도니아의 가장 위대한 왕인 알렉산더가 그리스를 비롯하여 페르시아, 인도까지 정복하는 일대기를 그린 영화로 고대 그리스 복식이 잘 나타나 있다.

〈알렉산더〉의 고대 그리스 복식

키톤을 입은 알렉산더의 모습이다.

몸에 핏 되게 키톤을 입은 것은 키톤을 영화적 사실주의로 표현한 것이다. 그리스 시대는 금발이 선호되었으나 영화 속에 진한 갈색 머리는 강한 성격의 알렉산더 어머니를 표현한 것이다.

금발의 알렉산더는 키톤에 히마티온을 걸치고 있다.

소크라테스는 키톤 없이 히마티온을 걸치고 있다.

알렉산더가 키톤에 갑옷을 입고 클라미스를 두르고 있다.

3 〈폼페이 최후의 날〉에서 보는 고대 로마 복식

기원전 8세기경 티베르강 남쪽의 라티움에 정착하면서 시작된 로마는 기원전 4세기경에 에트루리아를 몰아내고 독립된 공화국을 세운 후 옥타비아누스가 황제의 자리에 올라 제정시대가 도래하면서 200년간 로마의 평화시대가 이어졌다. 이후 로마제국은 북아프리카, 중앙아시아의 일부, 유럽 대륙 대부분을 차지할 정도로 영토를 넓혔다. 그러나 394년 동과 서 둘로 나뉜 뒤 서로마는 게르만족에게 멸망하였고, 동로마제국은 비잔틴제국으로 번성하였다.

로마 문화는 그리스 문화를 근간으로 하고 정복 전쟁을 통해 영토를 넓혀 나가면서 외부 문화를 더하여 체계화시킨 절충적이며 실용적인 문화이다. 엄격한 사회계급이 존재하였으며 후기로 가면서 부유해진 귀족계급의 과시적인 성향이 복식뿐만 아니라 문화 전반에 나타난다. 그리스 복식을 기본으로 하여 주변 국가들을 정복하면서 다른 여러 문화의 영향을 받아 새로운 로마 복식으로 나타났으며, 넓은 영토를 정복하면서 가지고 온 각종 보석류로 반지, 목걸이, 귀걸이 등 화려한 장식을 하였다. 대표적 복식으로는 튜닉(tunic), 스톨라(stola), 토가(toga), 팔라(palla), 팔리움(pallium), 각종 외투 등이 있다.

고대 로마 복식

튜닉 위에 토가를 입은 남자

◂ **튜닉**
서양의 기본 복식 중 하나이다. 남녀 모두 입었고 계급에 따라서 장식을 더하기도 했다.

◂ **토가**
튜닉 위에 걸쳤던 토가는 초기에는 남녀노소 모두 착용하였지만 제정시대부터는 남자 시민만 착용하여 로마 남자 시민의 전형적인 의복이 되었다. 사회계급에 따라 형태, 색, 장식 등에서 차이를 보였으며 점차 화려하고 과시적으로 변했다.

갑옷을 입은 옥타비아누스

◂ **갑옷**
튜닉 위에 갑옷을 입고 토가를 둘렀다.

◂ **신발**
샌들, 무릎 길이의 부츠 등 종류와 재료 및 색채가 다양했다. 남녀 모두 간단한 형태의 샌들을 신는 것이 일반적이었다.

스톨라 위에 팔라를 걸친 헤르쿨라네움 여인

◂ **스톨라**
그리스 시대의 키톤이 발전하고 변형된 형태로 주로 여성이 착용하였다.

◂ **팔라, 팔리움**
그리스의 히마티온이 변형된 것으로 여성이 스톨라 위에 둘러 입으면 팔라, 남성이 튜닉 위에 둘러 입으면 팔리움이라고 하였다.

케이프

◂ **케이프**
복식 위에 걸친 다양한 종류의 외투를 말한다. 로마 시대에는 여행과 원정 등이 많아 케이프의 종류도 다양했다. 지배계층의 경우에는 화려한 케이프를 착용하였다.

여자는 작은 컬이 높이 솟아오르게 하는 헤어스타일이, 남자는 곱슬거리는 짧은 헤어스타일이 유행하였다. 제정시대에는 수염을 기르는 것이 유행하였다.

여자 헤어스타일

남자 헤어스타일

〈폼페이 최후의 날, 2014〉은 베수비오 화산이 폭발하면서 로마에서 가장 번성했던 도시 폼페이가 사라지는 사실을 바탕으로 두 남녀의 아름다운 비극적인 사랑을 그렸다. 〈글래디에이터, 2000〉는 억울하게 검투사가 된 막시무스가 황제 코모두스에게 복수를 하는 영화로 두 영화 모두 고대 로마 복식을 잘 볼 수 있다.

〈폼페이 최후의 날〉의 고대 로마 복식

검투사 마일로는 튜닉 위에 갑옷을 입고 있다.

카시아의 어머니는 스톨라에 팔라를, 아버지는 튜닉에 팔리움을 두르고 있는 모습이다.

카시아는 스톨라를 입었는데 소매 부분은 현대적으로 표현하였으며, 코르부스 의원은 갑옷 위에 케이프를 두르고 있다.

〈글래디에이터〉의 고대 로마 복식

원로 의원들이 로마 시민을 나타내는 토가를 입고 있다.

막시무스 등 검투사들이 짧은 튜닉을 입고 있다.

4 〈셰익스피어 인 러브〉에서 보는 르네상스 복식

신 중심의 중세 시대를 지나 인간을 중심으로 하는 인본주의 사고로 전환되면서 르네상스 시대를 맞이하게 되었다. 15세기 시작된 르네상스 시대에는 왕권이 강화되었고 과학의 발전, 식민지 개척 등으로 경제적으로 풍요로워지기 시작하였다.

인간 중심으로 사고가 변화하며 복식에 있어서도 관능적인 아름다움에 치중하여 인체를 변형시키면서까지 과장된 실루엣을 형성하였다. 여자는 허리를 조이고 스커트와 소매를 부풀려 아워글래스 실루엣을 형성하고, 남자는 남성미를 나타내기 위해 어깨와 가슴을 부풀리고 허리는 가늘게 하며 바지에 패드를 넣어 부피감을 주었다. 이러한 실루엣의 변화뿐만 아니라 러프(ruff) 칼라와 슬래쉬(slash) 장식 그리고 화려한 보석과 다양한 직물을 이용한 과도한 장식이 르네상스 복식의 화려함을 더했다.

르네상스 복식

▾ 여자 복식

엘리자베스 1세 여왕

엘리자베스 1세 여왕

엘리자베스 1세는 러프 칼라, 양의 다리 모양의 소매(leg of mutton sleeve), 행 잉 슬리브(hanging sleeve), 허리는 코르셋으로 조이고, 가슴에는 삼각형의 딱딱하고 편평하게 눌러 장식한 스토마커(stomacher), 원통형 파팅게일(farthingale)로 만든 거대한 스커트, 루비와 진주 등의 보석 장식이 특징인 로브(robe)를 입고 있다.

영국 헨리 8세

프랑스 샤를 9세

◂ 남자 복식

헨리 8세는 상의에 슬래쉬 장식으로 속에 입은 슈미즈(chemise)를 끄집어내고 부풀린 형태의 더블릿(doublet), 긴 조끼 형태의 저킨(jerkin)을 입었다. 하의는 부풀린 바지인 브리치스(breeches)와 호즈(hose)를 입었다. 브리치스에는 앞가리개인 코드피스(codpiece)가 장식되었다. 그 위에 모피 장식의 코트를 입었다. 앞코가 네모진 덕 빌 토(duck bill toe) 슈즈를 신고 보닛(bonnet)을 썼다.

샤를 9세는 러프 칼라와 단추가 촘촘히 달린 더블릿, 그 위에 케이프를 걸치고 보닛을 쓰고 있다.

〈셰익스피어 인 러브, 1998〉는 엘리자베스 1세 시대를 배경으로 한 영화이다. 작가 셰익스피어가 그의 대표작인 '로미오와 줄리엣'을 쓰는 과정을 가상으로 줄거리를 만들고, 시대적인 부분은 사실적으로 묘사하여 당시 복식의 특징을 잘 표현했다.

〈셰익스피어 인 러브〉의 르네상스 복식

셰익스피어는 더블릿과 무릎 길이의 브리치스, 부츠를 착용하고 있으며, 바이올라는 원추형의 로브를 입고 있다. 웍섹스 경은 더블릿과 둥근 호박 형태의 브리치스를 입고 있다.

웍섹스 경은 러프 칼라의 더블릿에 케이프를 두르고 있다.

셰익스피어는 슈미즈를 실내복으로 입고 있다.

엘리자베스 1세는 러프 칼라, 양의 다리 소매, 행잉 슬리브, 스토마커, 원통형의 스커트로 구성된 로브를 입고 있다.

바이올라는 러프 칼라와 행잉 슬리브가 달린 로브를 입었다.

5 〈마리 앙투와네트〉에서 보는 로코코 복식

로코코는 18세기 유럽에서 유행했던 장식예술양식으로 바로크 정원의 인공 동굴에 붙은 조개껍질이나 작은 돌의 곡선을 의미하는 프랑스어 로카이유(rocaille)에서 유래하였다. 이 시기는 향락주의가 만연하던 시기로 로코코 양식은 프랑스 살롱을 중심으로 번져나갔는데 형식이 없고 부드러우며 섬세하고 여성적 취향의 분위기가 특징이다.

여성 복식은 네크라인이 깊게 내려갔으며 허리는 조이고 스커트는 양옆으로 넓어졌으며 이후 스커트의 중심이 엉덩이로 옮겨가기도 하였다. 레이스, 리본, 꽃 등으로 장식된 다양한 모양의 로브가 나타났다. 남성 복식은 상의로는 여며지지 않는 몸에 꼭 맞는 쥐스토꼬르(justaucorps), 그 안에 촘촘하게 단추가 달린 베스트, 하의로는 무릎 밑까지 오는 통이 좁은 퀼로트(culotte)와 호즈를 신었다. 남녀 복식 모두 부드러운 파스텔 톤을 사용하였으며 장식적이었다. 여자의 헤어스타일은 과도하게 거대하고 장식적이었으며, 남자는 바로크 시대의 거대한 가발과 달리 경쾌한 느낌의 가발을 착용했다.

로코코 복식

마리 앙투와네트

▲ **로브 아 라 프랑세스**(robe à la française)
로코코 시대의 대표적인 로브로 코르셋으로 허리를 조이고 파니에로 양옆을 극대화했다.

마리 앙투아네트와 마리테레즈, 루이 샤를로브

▲ **로브 아 랑그레즈**(robe à l'anglaise)
파니에 없이 착용할 수 있는 간편하고 풍성한 스타일의 로브이다.

▲ **로브 아 라 폴로네즈**(robe à la polonaise)
로코코 말기의 대표적 로브이다. 오버스커트를 양옆과 엉덩이 쪽에서 잡아당겨 올려 부풀린 로브로 발목이 보이는 것이 특징이다.

마리 앙투와네트

가슴이 드러날 정도로 네크라인이 낮아지고, 헤어스타일은 부풀려졌다. 얼굴은 창백하게, 볼은 붉게 화장하고 머리에는 흰색 파우더를 뿌려 장식했다.

◂ **로브 아 라 카라코(robe à la caraco)**
투피스형 로브로 영국 스타일이다.

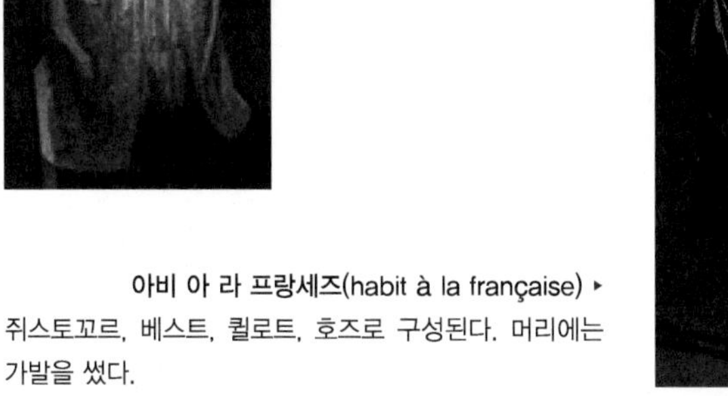

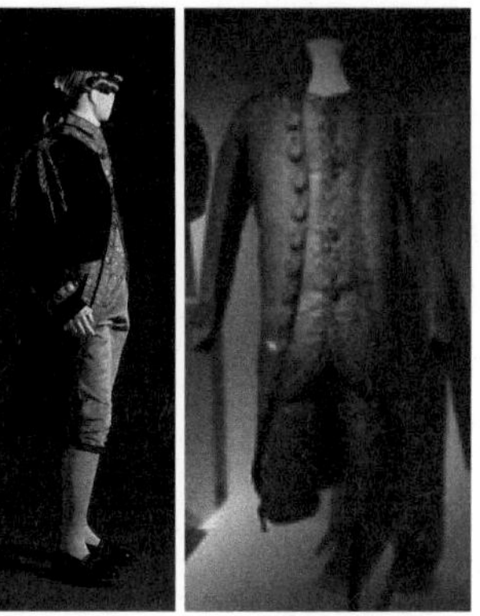

아비 아 라 프랑세즈(habit à la française) ▸
쥐스토꼬르, 베스트, 퀼로트, 호즈로 구성된다. 머리에는 가발을 썼다.

〈마리 앙투와네트, 2007〉는 오스트리아의 공주 마리 앙투아네트가 동맹을 위해 프랑스의 루이 16세와 정략결혼을 하고 베르사유에 입궐한 후의 이야기를 그린 영화로 아카데미 의상상을 받았다. 로코코 시대의 다양한 복식을 볼 수 있다.

〈마리 앙투와네트〉의 로코코 복식

앙투와네트는 로브 아 라 프랑세스를 착용하고, 루이 16세는 아비 아 라 프랑세즈인 쥐스또꼬르, 베스트, 퀼로트, 흰색 가발을 착용하고 있다.

로브 아 라 카라코를 착용한 모습이다.

파니에를 착용한 모습이다.

여자들의 과도한 장식적인 헤어스타일을 볼 수 있다.

루이 16세와 귀족 남자들은 가발에 트리콘 모자를 쓰고 있으며 쥐스또꼬르, 베스트, 퀼로트를 입고 있다.

6 〈위대한 개츠비〉에서 보는 1920년대 복식

제1차 세계대전 이후 유럽이 전쟁의 피해 복구에 힘쓰는 동안 미국은 눈부신 발전을 이루었다. 1920년대는 춤에 대한 열광으로 재즈의 시대라 불리며 패션의 중심이 유럽에서 미국으로 이동하였다. 여자들의 사회 진출은 여자 복식에 기능성을 추구하게 만들었고, 여성스러움을 표현하는 코르셋에서 벗어나 간편하고 느슨한 형태의 코르셋을 착용하여 납작한 가슴과 밋밋한 허리 라인을 갖는 스트레이트 박스 실루엣이 유행하였다. 이처럼 가슴, 허리, 힙 모두를 일자형으로 만들어 보이시한 느낌을 주는 스타일을 플래퍼(flapper) 룩이라고 하며 편안함과 실용성이 돋보이는 스타일이다. 1925년부터는 스커트 길이가 차츰 길어지면서 여성적인 분위기로 변해갔다. 짧아진 스커트로 인해 스타킹과 구두가 보다 장식적으로 변화하였으며 T-스트랩 구두를 신고 재즈에 맞추어 춤을 추었다. 진한 화장과 짧은 단발머리인 보브(bob) 스타일이 유행하였으며 클로슈(cloche) 모자를 눌러썼다.

19세기에 이미 현대 복식으로 정착된 남성의 슈트는 1920년대에 칼라와 바지의 폭이 조금 넓어졌을 뿐 큰 변화를 보이지 않았고, 경제적인 풍요로움으로 인한 여가시간의 증가로 각종 스포츠 룩이 유행하였다.

1920년대 복식

짧은 단발에 진한 화장을 한 무용가 최승희의 모습이다.

〈체인질링, 2008〉
여자는 짧은 단발, 클로슈, 스트레이트 실루엣을 입고 있다. 남자는 외출 시 일반적으로 모자를 썼다.

〈애비에이터, 2004〉
1920년대는 큰 라펠의 남성복을 입었다.

〈위대한 개츠비〉는 피츠 제럴드의 소설 '위대한 개츠비'를 바탕으로 1974년과 2013년도에 각각 만들어졌으며 두 영화 모두 아카데미 의상상을 받았다. 1920년대를 배경으로 한 이야기로 1920년대 복식 스타일을 볼 수 있다.

〈위대한 개츠비〉의 1920년대 복식

데이지는 단발머리를 하고 스트레이트 실루엣의 원피스를 착용해 플래퍼 룩을 표현하였다.

보브 컷, 진한 화장, 늘어진 진주 목걸이에 스트레이트 실루엣은 1920년대 스타일을 표현하고 있다.

개츠비의 단정한 헤어스타일과 슈트는 1920년대 스타일을 반영하고 있다.

CHAPTER 9

영화로 보는 우리나라 복식

1. 삼국시대 복식 2. 통일신라시대 복식 3. 고려시대 복식 4. 조선시대 복식

1 삼국시대 복식

유목기마민족이었던 스키타이족의 상하가 분리되고 몸을 완전히 감싸는 의복 형태는 우리나라 복식에 영향을 미쳤다. 우리나라의 기본 복식은 상의로는 저고리, 하의로는 바지와 치마 그리고 그 위에 겉옷을 입는 형태로 고구려, 백제, 신라 삼국의 의복이 유사했다.

저고리(유 襦)는 남자와 여자 모두 입는 상의로 길이가 엉덩이까지 오며 앞이 트여 있는데 이를 겹쳐 허리띠(대 帶)로 여몄다. 소매는 통이 좁은 형에서 넓은 형으로 점차 변화되었다. 저고리의 깃, 소맷부리, 밑단 등에는 다른 색의 선을 둘렀다. 바지(고 袴)는 남녀가 모두 착용하였다. 신분이 높은 사람은 주로 폭이 넓은 바지를 입고 신분이 낮은 사람은 통이 좁은 바지를 입었다. 치마(상 裳)는 허리에서 치맛단까지 주름이 잡혀 있었으며 치맛단에는 선장식이 있었는데 이후 점차 없어졌다. 상류층 여자의 치마길이는 길었고, 노동계층 여자의 치마길이는 짧았다. 여자는 바지와 치마를 혼용하였고 의례용에는 반드시 치마를 입었다.

겉옷(포 袍)은 높은 신분에서 평민에 이르기까지 모두 착용하였으며 방한용뿐 아니라 의례용으로 착용하였다. 포는 저고리보다 길이만 긴 형태로 저고리의 허리띠는 앞에서 매는 데 비해, 포의 띠는 뒤에서 매어 서로 겹치지 않게 하였다. 신분의 차이를 소매의 넓이, 직물의 재료, 선 등을 통해 나타냈다.

쓰개류에는 머리카락이 흘러내리지 않게 간단하게 머리를 감싸는 건(巾), 책(幘), 변(弁), 절풍(折風), 예의와 권위를 나타내는 관(冠) 등이 있었다.

긴 저고리와 바지, 여인들이 바지 위에 주름진 상을 덧입고 그 위에 포를 입었다. 유와 포에 선을 둘렀고 대를 매었다.
정기환필무용총무용도 일부

선 장식이 있는 긴 저고리를 입고 조우관을 쓰고 있다.
무용총 주실 서벽 좌부 기마인물

좌〉 상류층 여인은 화려한 색상의 저고리에 폭넓은 주름치마를 입고 있다.
우〉 단순한 저고리에 주름치마를 입고 있다.
고구려 수산리 고분벽화 재현-부인복

주방 여인은 바지 위에 치마, 포를 입고 있다.
정기환필무용총옥우도 일부

좌〉 신분이 높은 사람은 넓은 소매통의 포를 착용하고 책을 쓰고 있다.
우〉 신분이 낮은 사람은 좁은 소매통의 저고리, 통이 좁은 바지를 입고 있다.
고구려 수산리 고분벽화 재현-주인복

2 통일신라시대 복식

여자의 경우 저고리를 먼저 입고 그 위에 치마를 착용하였다. 남자 토용에서 목까지 올라오는 둥근 깃의 단령을 입고 있는 것을 볼 수 있다.
경주 용강동 고분 출토 토용(시상서남편 출토)

삼국시대의 복식이 고유복식 형성기라고 한다면 통일신라시대는 외국 문물을 적극적으로 접하는 시기라고 할 수 있다. 통일신라시대 복식은 삼국시대 복식을 기본으로 하면서 당의 영향을 받아 여자 복식의 착장법에 변화가 생기고 새로운 복식 형태가 생겨났다.

통일신라시대 옥충식(玉蟲飾) 치마

여자의 경우 저고리를 먼저 입고 그 위에 치마를 가슴까지 올려 입는 착장법이 유행하였고, 치마보다 치마허리와 치마끈을 더 화려하게 장식하였다. 또한 일종의 장식용 목도리인 표(褾)를 일부 상류층에서 지속적으로 착용했는데 이는 흥덕왕 복식금제에 새로운 옷의 형태로 나타나고 있다. 이러한 모습이 당나라 여인과 비슷하여 당의 영향을 받은 것을 알 수 있다. 신라 진덕여왕 시기에 당나라에서 복두와 둥근 깃(단령, 團領) 모양의 포가 들어와 귀족부터 평민에 이르기까지 모두 입었으며 의복의 색으로 신분을 나타냈다. 또한 새로운 의복의 형태로 소매가 없거나 짧은 반비(半臂)가 당에서 들어왔는데, 이는 남녀 모두 착용했으며 여자의 반비가 남자의 것보다 훨씬 화려했다. 반비는 오늘날의 배자와 같은 것으로 조선시대에는 답호, 전복으로 변화되었다.

3 고려시대 복식

족두리

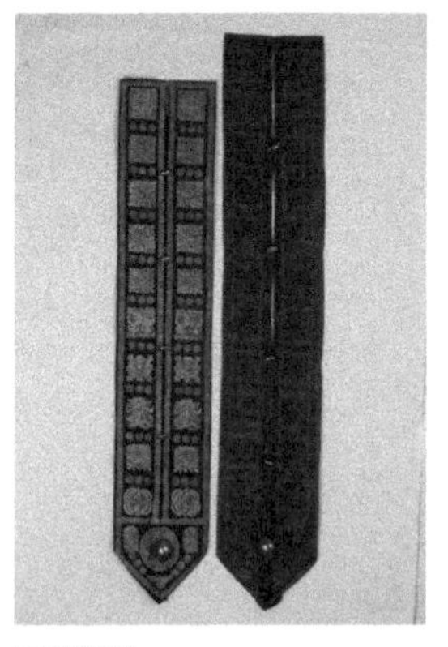
도투락댕기

고려의 복식은 통일신라의 복식을 바탕으로 우리 복식의 고유성을 유지하면서 송, 원, 명과의 교류를 통해 외래 복식문화를 수용하였다. 여자의 경우 흰 모시 저고리(백저의)와 노란 치마(황상)를 주로 착용했다. 원의 영향을 받으며 몽고복의 영향으로 저고리의 길이가 차츰 짧아지면서 대가 없어지고 매듭 단추나 고름을 달았다. 몽고의 풍속이 우리나라에 들어와 몽고풍이 유행하였는데 족두리, 도투락댕기 등을 그 예로 들 수 있다. 공민왕 때 문익점에 의해 원나라에서 우리나라 기후에 적합한 인도종 면화가 전래되어 조선시대 우리나라 옷의 중요한 재료가 되었다.

4 조선시대 복식

조선은 유교사상에 의한 엄격한 신분제도로 복식에서 규제가 심하였다. 양반, 중인, 상민, 천인의 신분에 따라 복식의 종류, 색, 크기, 옷감 등이 다르게 사용되었다. 일상복은 우리의 전통적인 옷차림 그대로 바지와 저고리, 치마와 저고리 그 위에 포를 입었으며 이는 오늘날 한복으로 남아 있다. 의례복의 경우 명나라 관복에 대비하여 이등체강원칙을 따랐다.

여자 복식

저고리와 치마는 조선시대 여자들의 기본 복식으로 계급에 따라 색과 재료의 차이가 있었으며 시기에 따라 저고리의 길이, 소매, 깃, 고름 등의 변화가 있었다. 특히 저고리 길이는 조선시대부터 점차 짧아지기 시작해서 19세기에는 극도로 짧아져 여성들이 가슴을 가리기 어려울 정도였으나 19세기 말부터는 다시 길어졌다. 저고리 안에는 속저고리와 속적삼을 입었으며, 저고리가 짧아지면서 속살을 가리기 위해 가슴에 허리가리개를 입었다. 치마 안에는 다리속곳, 속속곳, 속바지, 단속곳 등의 다양한 속옷을 입고 너른바지, 대슘치마, 무지기치마 등으로 치마 실루엣을 풍성하게 만들었다.

결혼하지 않은 여자는 머리를 땋아서 댕기를 하였으며, 결혼 후 올림머

다리속곳

속속곳

속바지(고쟁이)

단속곳

대슘치마

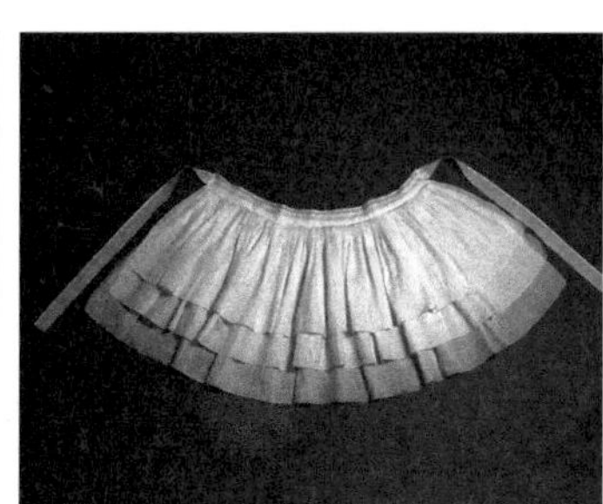

무지기치마는 길이가 다른 치마를 한 허리에 달아 층지게 만든 속치마이다.

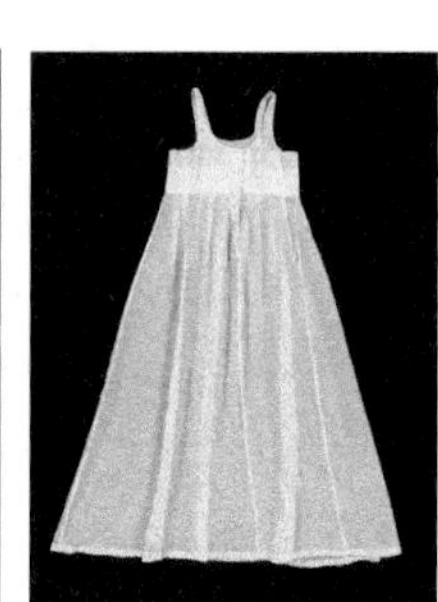

속치마는 20세기 들어 단속곳이 없어지며 입게 되었다.

치마 밑으로 속바지가 보인다.
신윤복필 여속도첩 일부

장옷을 쓰고 있는 모습
조선회화 신윤복필 풍속도첩 연소답청 일부

천의를 쓰고 있는 모습
조선회화 신윤복필 풍속도첩 월하정인 일부

가체를 한 여인들
조선회화 신윤복필 풍속화첩 단오풍정도

리를 하고 비녀를 꽂았다. 18세기에는 부분 가발인 가체를 사용하여 머리를 지나치게 부풀렸는데 이의 폐단을 막고자 영·정조 때에 수차례 가체금지령이 내려졌으나 잘 이행되지 못하고 순조 중엽(19세기 초)이 되어서야 쪽머리가 정착한 후 없어졌다. 남자들의 관은 주로 때와 장소 그리고 신분을 표시하는 역할을 했지만 여성들의 머리쓰개는 유교에 의한 엄격한 내외법으로 주로 외출 시 얼굴을 가리는 용도로 사용되었다. 일반 계층의 부녀자들이 외출할 때 얼굴을 가리는 용도로 장옷과 천의 등이 있었다.

남자 복식

남자들은 저고리와 바지 위에 포를 입었다. 포는 조선 양반이 반드시 갖추어야 할 일상복으로 종류가 다양했는데 철릭, 심의, 도포, 답호, 중치막, 두루마기 등이 있다.

바지, 저고리 차림으로 씨름하는 모습
씨름, 단원풍속도첩

도포는 조선시대 사대부의 대표적인 포로 뒤트임이 있고 뒷자락이 붙어 있는 것이 특징이다. 술띠 색을 달리하여 신분의 차이를 나타냈다.

심의는 유학자들이 검은색 복건과 함께 주로 입었다. 깃, 도련, 소매 끝에 검은 선이 둘러진 것이 특징이다.
흥선대원군 초상화

철릭은 왕부터 일반 백성에 이르기까지 입은 일상복이다. 왕은 원행을 떠날 때 입었다. 상의와 하상을 따로 만든 후 허리에서 연결하여 만든 포로 옷고름을 달아 입었다.

답호는 포 위에 입던 소매가 없는 옷으로 순조 이후 답호, 전복, 쾌자가 혼용되었다.

전복

중치막은 겨드랑이 아래가 터져 있는 포이다.
조선회화 혜원 신윤복필 풍속화첩 주막도 일부

창옷은 소매가 좁고 옆이 터진 포로 평민들은 저고리 위에 겉옷으로 착용하였다.
조선회화 혜원 신윤복필 풍속도첩 계변가화 일부

두루마기는 옆트임이 없는 두루 막힌 겉옷이다. 삼국시대에서 그 원형을 찾을 수 있으며 통일신라, 고려, 조선을 거치면서 두루마기가 된 우리나라 고유의 포이다. 형태상으로는 역사가 오래되었으나 영조 때 승복으로 착용했다는 기록이 처음 나온다. 고종 의복 개혁 이후 남녀 모두 입게 되었다.
우시장 사진 일부

결혼한 남자들은 상투를 틀고 머리카락이 흘러내리지 않게 망건을 둘렀다. 결혼하지 않은 남자들은 머리를 여자와 같이 땋았다.

갓

신분과 용도에 따라 다양한 쓰개를 썼다. 유건과 복건을 쓴 모습을 볼 수 있다.
그림 감상, 단원풍속도첩

왕과 왕비, 관료 복식의 특징

조선시대 왕과 왕비의 의례용 복식은 명나라 기준으로 이등체강원칙을 따랐다. 의례복은 때와 장소, 상황에 따라 입는 옷이 다르며 계급에 따라 신분이 표시되는 복식을 착용하였다.

혼례와 제사 때에 착용하는 왕의 면복으로 면류관(구류면)에 곤복(구장복)을 재현한 모습이다.

왕의 시무복인 상복으로 곤룡포에 익선관을 쓴 모습이다.
영조의 어진

쌍학흉배(좌), 쌍호흉배(우)
흉배는 관리들이 계급에 따라 문양을 달리하여 등과 가슴에 부착한 것이다. 문관은 날개 달린 동물, 무관은 네발 동물을 사용했다. 왕족은 원형을 사용하여 등과 가슴, 양 어깨에 달았는데 이를 보라고 한다.

백관들의 시무복인 상복은 단령포와 사모로 구성된다. 단령포는 계급에 따라 색상을 달리하였고 계급을 나타내는 흉배를 달았다.

당의는 왕실에서는 소례복으로, 상궁과 내인들은 예복으로, 반가의 부인들은 입궐 시 착용했고, 일반인은 혼례복으로 착용했다.

적의는 왕비만 입을 수 있는 최고의 예복이다.

활옷은 공주나 옹주의 예복으로 상류층 및 일반 서민층에서 혼례복으로 입었다.

영화 속 조선시대 복식

우리나라 조선시대를 배경으로 하는 〈스캔들, 2003〉, 〈황진이, 2007〉, 〈광해, 2011〉, 〈상의원, 2014〉은 대종상 의상상을 받았는데 이 영화들을 통해 우리나라 복식을 살펴볼 수 있다.

〈스캔들〉
조원은 망건에 갓을 쓰고 도포를 입고 술띠를 매었다.

〈상의원〉
남자들은 저고리, 바지, 답호를 입고 갓을 썼다.

〈스캔들〉
이소옥은 장옷을 쓰고 있다.

〈스캔들〉
숙부인의 쪽머리와 조씨 부인의 가체를 볼 수 있다.

〈황진이〉
황진이의 스모키한 화장과 검정과 녹색의 치마저고리는 현대적으로 재해석한 것이다.

〈상의원〉
왕은 면복으로 면류관에 곤복을 착용하였다.

〈상의원〉
왕비는 당의를 착용하였다.

〈광해〉
허균은 흉배가 달린 상복을 입고 사모를 쓰고 있다.

〈광해〉
왕은 상복으로 익선관에 곤룡포를 착용하였다.

CHAPTER 10

영화로 보는 중국, 일본 복식

1 〈마지막 황제〉에 나타나는 중국 청나라 복식

〈마지막 황제, 1987〉는 청나라 마지막 황제의 비극적인 삶을 다룬 영화로 중국 청나라 복식과 근대화 복식이 잘 나타나 있다. 1988년 아카데미 의상상을 받았다.

중국은 한족이 대다수를 차지하나 만주족, 몽골족, 티베트족 등 많은 소수민족으로 구성된 다민족국가로 민족마다 고유한 민속복식이 있다. 그러나 현재 중국의 전통복식은 중국의 마지막 왕조였던 청나라 복식과 인구의 대부분을 차지하는 한족의 민속복식이 공산주의 시절을 거치고 서구의 복식문화가 유입되면서 변화하여 지금의 형태가 되었다.

청대에 남자 복식의 경우 한족 남자의 복식을 규제하여 만주족의 양식을 따르도록 하였다. 청나라 황제는 최고의 예복으로 조복을 입었는데 〈마지막 황제〉에서 주인공 푸이의 황제 즉위식 복식은 청나라 황제 복식을 그대로 재현한 것으로 명황색 조포와 조관, 화로 구성된 조복을 볼 수 있다. 관원들은 관복으로 둥근 깃에서 연장된 섶이 오른쪽 겨드랑이까지 S자 모양으로 깊이 여민 망포를 입었다. 예를 갖추기 위해 망포 위에 가슴에 품계를 나타내는 사각형의 보가 있는 보복을 입었다. 보는 우리나라의 흉배와 같은 역할을 한다. 일반인은 평상복으로 군사들이 입었던 짧은 상의에서 발전한 마괘와 조끼 형태의 마갑을 덧입었다. 머리 형태는 만주족에서 기원한 땋은 머리인 변발이 특징적이다.

여자 복식은 남자 복식과는 달리 만주족 복식이 강요되지 않아 한족과 만주족의 복식이 각각 유지되었다. 그러나 점차 한족의 여자 복식 역시 만주족의 여자 복식에 융화되어 특유의 청대 복식을 만들어갔다. 치파오는 긴 소매의 좁고 긴 포로 청대 초기에는 만주족의 옷을 총괄하는 명칭이었으나 후기에는 만주족 여자들의 일상복을 칭하게 되었다. 치파오 위에는 다양한 종류의 장괘, 단괘와 조끼 형태의 마갑, 비갑을 덧입었다. 만주족 여자는 정수리에서 머리를 두 갈래로 가른 후 두 다발을 비녀에 감아 만드는 양파두의 머리 모양을 했다. 영화에서 서태후는 양파두 헤어스타일, 입을 작게 그리는 화장법, 조복으로 황후의 복식을 잘 표현하고 있다. 한족 여자는 주름을 잡은 치마 위에 상의를 입었고, 예복으로는 조끼 형태의 하피를 위에 입었다. 머리 모양은 올린머리가 유행하였고 전족을 하였는데 청대에도 전족 전통을 중시하였다.

현대의 중국 남자 복식은 마괘의 형태가 공산주의 시절의 인민복과 서양 복식이 혼합된 형태로 차이나 칼라의 재킷에 바지를 착용한다. 이러한 복식은 〈마지막 황제〉에서 영국에게 개방된 후 중국에 사는 푸이가 일반인이 된 모습에서 볼 수 있다.

여자 전통복식은 청나라 만주족의 치파오가 서양 복식의 영향을 받아 차이나 칼라에 몸에 꼭 맞는 형태로 발목까지 내려오는 길이에 긴 옆트임이 있는 형태로 변화하였다. 영화에서는 당시에 품이 큰 치파오부터 점차 근대화되며 서양의 영향을 받아 차이나 칼라에 몸에 꼭 맞는 발목 길이에 긴 옆트임이 있는 몸에 밀착되는 치파오까지 볼 수 있다.

〈마지막 황제〉의 중국 복식

황제의 조복으로 조관, 명황색 조포, 화로 구성되어 있다.

황제가 변발을 하고 망포를 입고 있다. 황제의 망포에 용무늬가 있어 용포라고도 한다.

일반인이 된 푸이가 인민복을 입은 모습이다.

◂ 푸이의 아내 완용으로, 황후의 조복을 입고 있다.

청나라 시기의 소매통 넓은 치파오와 양파두 헤어스타일을 볼 수 있다. ▸

2 〈게이샤의 추억〉에 나타나는 일본 복식

일본의 대표적 전통의상은 입는다는 뜻을 가진 기모노(着物)이다. 기본적으로 앞이 트여 좌우를 여며 입는 긴 길이의 나가기(長着)를 입고 허리끈인 오비로 나가기를 둘러 여민다. 하오리(羽織)는 짧은 겉옷으로 나가기 위에 입는다. 하카마(袴)는 나가기 위에 치마처럼 덧입는 넓은 바지로 남자가 격식을 차릴 때 주로 입는다. 유가타(浴衣)는 목욕할 때 입었던 홑겹의 포로 에도 초기에 민간의 남녀 모두 입었다. 원래 목욕용 포에서 시작된 유가타가 점차 여름용 평상복이나 외출복으로 사용되면서 염색으로 무늬를 넣는 등 점점 다양해졌다. 기모노를 입을 때는 엄지와 둘째 발가락 사이가 갈라진 다비라는 버선과 게다라는 신발을 신는다.

2006년 아카데미 의상상을 받은 〈게이샤의 추억, 2005〉에는 일본의 전통 복식과 화려한 게이샤들의 복식이 잘 나타나 있으며 기모노를 입는 장면도 볼 수 있다. 게이샤는 얼굴을 최대한 하얗게 분칠을 하고 입술은 작고 빨갛게 눈썹은 짙고 가늘게 표현하며 머리는 이마로 내려오는 머리카락 한 올 없이 위로 올려 장식한다. 게이샤가 되기 전 어린 게이코들은 화려한 색상과 무늬의 기모노를 입고 이후 나이가 들면서 차분한 색상의 기모노를 입는 것을 볼 수 있다.

〈게이샤의 추억〉의 일본 복식

기모노에 오비를 하고 다비에 게다를 신은 모습이다.

기모노에 오비를 하고 외투인 하오리를 착용하였다. 나이가 든 게이샤는 어둡고 차분한 톤의 기모노를 착용하고, 어린 게이샤는 색상이 화려한 기모노를 착용한다.

화려한 오비 장식의 기모노를 볼 수 있다.

REFERENCE

| 국내 문헌 |

강성률(2017), **영화색채미학**, 커뮤니케이션북스

강현두, 원용진, 전규찬(1997), **초기 미국 영화의 실험과 정착: 1920-30년대의 할리우드**, 언론정보연구, 34

강혜원 외 5인(2012), **의상사회심리학**, 교문사

고애란(2008), **서양의 복식 문화와 역사**, 교문사

금기숙 외 9인 (2012), **패션, 현대패션 110년**, 교문사

김다민(2015), **태국 복색에 나타난 종교적 상징성에 관한 연구**, 중앙대학교 석사학위논문

김민자 외 5인(2010), **서양패션 멀티콘텐츠**, 교문사

김영인 외 7인(2009), **패션의 색채언어**, 교문사

김영인, 전여선(2008), **한국 영화와 TV드라마 전통복식에 나타난 색 이미지와 상징성**, 복식, 58(2)

김유선(2017), **영화의상 디자인**, 커뮤니케이션북스

김유정(2013), **영화의상**, 커뮤니케이션북스

김정아, 손영미(2009), **영화 "Sex & the City"의 의상 디자인 발상에 관한 연구 -여자 주인공 4명을 중심으로(캐리, 사만다, 샬롯, 미란다)**, 한국디자인포럼, 25

김진우(1996), **언어와 문화**, 중앙대학교 출판부

김태미, 최인려(2012), **영화의 의상과 분장에 나타난 색채와 상징성에 관한 연구**, 한국의상디자인학회지, 14(1)

김현숙(1995), **무대의상 디자인의 세계**, 고려원

김희정(1997), **영화의상에 표현된 색의 상징성에 관한 연구**, 복식, 35

김희라, 신혜원(2015), **영화 속 패션상품 간접광고에 관한 연구**, 복식, 65(3)

남후선, 김순영(2005), **영화로 보는 복식사**, 경춘사

백영자(1998), **한국의 복식**, 경춘사

블랑쉬 페인 저 / 이종남 외 역(1994), **복식의 역사**, 까치

수잔 제퍼드 저 / 이영식 역(2002), **하드 바디 레이건 시대 할리우드 영화에 나타난 남성성**, 동

문선
신강호(2012), **할리우드영화**, 커뮤니케이션북스
신수연, 홍정민(2007), **국내 영화 속 패션 제품의 PPL 커뮤니케이션 효과**, 복식문화연구, 15(1)
신혜원 외 3인(2015), **패션**, 양서원
신혜원 외 4인(2009), **의복과 현대사회**, 신정
양정희(2018), **영화 '아가씨'의 의상색채연구-여주인공 히데코 의상을 중심으로**, 한국의류산업학회지, 20(4)
유희경(1991), **한국복식문화사**, 교문사
윤지영, 노주현(2006), **20세기 전반 동.서양의 시대색에 관한 비교 연구**, 복식, 56(4)
이순홍 외 8인(2004), **세계 복식과 패션 정보**, 교문사
이주호(1986), **宗敎服飾에 나타난 色彩象徵硏究**, 숙명여자대학교 석사학위논문
이혜원(2003), **영화 속 제품배치에 관한 연구**, 중앙대학교 석사학위논문
장마르크 레후 저 / 은혜정, 성숙희 역(2011), **PPL 간접광고**, 커뮤니케이션북스
장미영, 조규화(2008), **영화 〈친절한 금자씨〉의 복식과 상징성에 관한 연구**, 패션 비즈니스, 12(1)
장민영(2011), **영화 '아멜리에'의 복식에 나타난 색채 이미지에 관한 연구**, 성신여자대학교 석사학위논문
정세희, 양숙희(2002), **1930-1990년대 영화 의상에 나타난 젠더 정체성: 제3의 성을 중심으로**, 대한가정학회지, 40(6)
정세희, 양숙희(2002), **1930-1990년대 영화 의상에 나타난 젠더 정체성1**, 대한가정학회지, 40(5)
정소영, 조규화(2006), **1930년대 할리우드 스타 마를레네 디트리히 패션 스타일 연구**, 패션비즈니스, 10(5)
정흥숙(2014), **서양복식문화사**, 교문사
조은영, 유태순(1997), **영화의상을 중심으로 한 대중패션의 분석**, 복식, 31
최경희, 김민자(2000), **1960년대 이후 한국 영화에 나타난 복식의 변천**, 복식, 50(8)
하랄드 브램 저 / 이재만 역(2013), **색의 힘: 컬러의 의미와 상징**, 일진사
홍나영, 신혜성, 이은진(2011), **동아시아 복식의 역사**, 교문사

| 국외 문헌 |

Elizabeth Leese(2012), Costume Design in the Movies: An Illustrated Guide to the Work of 157 Great Designers, Courier Corporation
Jennifer Croll(2014), Fashion That Changed The World, PRESTEL
Elane Feldman, Valerie Cumming(1992), Fashions of a Decade, B.T. Batsford Ltd-

London

John Gage(1993), Color and Culture: Practice and Meaning from Antiquity to Abstraction, Bulfinch Pr; 1st North American ed edition

Taylor Hartman(2017), The People Code and the Character Code, Scribner; Anniversary edition

SOURCE OF FIGURE

아래에 밝힌 웹사이트와 저자 이름은 본문에 사용된 사진에 대한 권한을 밝히기 위한 것으로, 이러한 출처가 따로 표기되지 않은 사진은 퍼블릭 도메인이거나 저작권이 출판사와 저자에게 있습니다.

CHAPTER 1

- **13p.** Shutterstock.com
- **15p.** https://movie.naver.com/movie/bi/mi/photoView.nhn?code=144990
- **17p.** https://upload.wikimedia.org/wikipedia/commons/a/a2/Seoul%2C_South_Korea_2002_World_Cup_young_people_watching_the_game.jpg
  Shutterstock.com
- **20p.** 1 https://terms.naver.com/imageDetail.nhn?docId=349806&imageUrl=https%3A%2F%2Fdbscthumb-phinf.pstatic.net%2F2531_000_1%2F20130808152215357_PMM7MZWMK.jpg%2F01064_i1.jpg%3Ftype%3Dm4500_4500_fst%26wm%3DN&cid=42617&categoryId=42617
- **21p.** https://terms.naver.com/entry.nhn?docId=3569778&cid=58789&categoryId=58801
  https://movie.naver.com/movie/bi/mi/photoView.nhn?code=10020
- **22p.** https://movie.naver.com/movie/bi/mi/photoView.nhn?code=10326
- **23p.** Shutterstock.com
  https://movie.naver.com/movie/bi/mi/photoViewPopup.nhn?movieCode=62266
- **24p.** https://terms.naver.com/imageDetail.nhn?cid=46665&docId=529775&imageUrl=https%3A%2F%2Fdbscthumb-phinf.pstatic.net%2F2644_000_10%2F20180918003452926_DACZ6LQCF.jpg%2F6b4e948f-280a-48.jpg%3Ftype%3Dm935_fst_nce%26wm%3DY&categoryId=46665
  https://movie.naver.com/movie/bi/mi/basic.nhn?code=93756
- **26p.** https://images.app.goo.gl/CXiPR5HEbBnSCYJKA
- **27p.** https://en.wikipedia.org/wiki/Edith_Head

https://images.app.goo.gl/mDWY5XR2Ev84fJtj9

- **29p.** https://movie.naver.com/movie/bi/mi/photoView.nhn?code=10237
  https://movie.naver.com/movie/bi/mi/photoView.nhn?code=10073
- **30p.** https://movie.naver.com/movie/bi/mi/photoView.nhn?code=13680
  https://movie.naver.com/movie/bi/mi/photoView.nhn?code=10584
- **31p.** https://movie.naver.com/movie/bi/mi/photoView.nhn?code=60484
- **32p.** https://movie.naver.com/movie/bi/mi/photoView.nhn?code=78726
- **34p.** https://movie.naver.com/movie/bi/mi/photoView.nhn?code=10249
  https://movie.naver.com/movie/bi/mi/photoView.nhn?code=32900
  https://movie.naver.com/movie/bi/mi/photoView.nhn?code=59075
  https://movie.naver.com/movie/bi/mi/photoView.nhn?code=59075
  https://movie.naver.com/movie/bi/mi/photoView.nhn?code=10660
  https://movie.naver.com/movie/bi/mi/photoView.nhn?code=10660
- **35p.** https://movie.naver.com/movie/bi/mi/photoView.nhn?code=36843
  https://movie.naver.com/movie/bi/mi/basic.nhn?code=15899
  https://movie.naver.com/movie/bi/mi/photoView.nhn?code=22012
  https://movie.naver.com/movie/bi/mi/basic.nhn?code=36398
  https://movie.naver.com/movie/bi/mi/photoView.nhn?code=31268
  https://movie.naver.com/movie/bi/mi/basic.nhn?code=74610

CHAPTER 2

- **41p.** https://movie.naver.com/movie/bi/mi/photoView.nhn?code=10357
  https://movie.naver.com/movie/bi/mi/photoView.nhn?code=10106
- **43p.** 1 https://movie.naver.com/movie/bi/mi/photoView.nhn?code=10101
  2 https://movie.naver.com/movie/bi/mi/photoView.nhn?code=10761
- **44p.** 1 https://movie.naver.com/movie/bi/mi/photoView.nhn?code=10566
  3 https://movie.naver.com/movie/bi/mi/photoView.nhn?code=10385
- **45p.** https://movie.naver.com/movie/bi/mi/photoView.nhn?code=10093
  https://movie.naver.com/movie/bi/mi/photoView.nhn?code=10358
- **46p.** https://movie.naver.com/movie/bi/mi/photoView.nhn?code=10395
  https://images.app.goo.gl/w4X71zAsDAqgjDNd7
  https://movie.naver.com/movie/bi/mi/photoView.nhn?code=10250

- **47p.** https://movie.naver.com/movie/bi/mi/photoView.nhn?code=17485
  https://movie.naver.com/movie/bi/mi/photoView.nhn?code=18670
- **48p.** https://movie.naver.com/movie/bi/mi/photoView.nhn?code=53152
  https://movie.naver.com/movie/bi/mi/photoView.nhn?code=18350
- **49p.** 구찌 공식 인스타그램
  https://movie.naver.com/movie/bi/mi/photoView.nhn?code=134963
- **51p.** https://movie.naver.com/movie/bi/mi/photoView.nhn?code=10208
  https://movie.naver.com/movie/bi/mi/basic.nhn?code=21077
- **52p.** https://movie.naver.com/movie/bi/mi/basic.nhn?code=10271
  https://movie.naver.com/movie/bi/mi/photoView.nhn?code=19383

CHAPTER 3

56p. https://movie.naver.com/movie/bi/mi/photoView.nhn?code=118917
https://movie.naver.com/movie/bi/mi/photoView.nhn?code=149747
https://movie.naver.com/movie/bi/mi/photoView.nhn?code=104331
https://movie.naver.com/movie/bi/mi/photoView.nhn?code=38739
https://movie.naver.com/movie/bi/mi/photoView.nhn?code=60484

- **57p.** https://movie.naver.com/movie/bi/mi/photoView.nhn?code=10621
  https://movie.naver.com/movie/bi/mi/photoView.nhn?code=37884
  https://movie.naver.com/movie/bi/mi/photoView.nhn?code=144990
  https://movie.naver.com/movie/bi/mi/photoView.nhn?code=94133
  https://movie.naver.com/movie/bi/mi/photoView.nhn?code=82432
  https://movie.naver.com/movie/bi/mi/photoView.nhn?code=77823
  https://movie.naver.com/movie/bi/mi/photoView.nhn?code=164115
  https://movie.naver.com/movie/bi/mi/photoView.nhn?code=53084
- **58p.** https://movie.naver.com/movie/bi/mi/photoView.nhn?code=44922
  https://movie.naver.com/movie/bi/mi/photoView.nhn?code=82432
  https://movie.naver.com/movie/bi/mi/photoView.nhn?code=32900
  https://movie.naver.com/movie/bi/mi/photoView.nhn?code=38582
  https://movie.naver.com/movie/bi/mi/photoView.nhn?code=17513
  https://movie.naver.com/movie/bi/mi/photoView.nhn?code=35162
- **59p.** https://movie.naver.com/movie/bi/mi/photoView.nhn?code=99701

https://movie.naver.com/movie/bi/mi/photoView.nhn?code=39723
https://movie.naver.com/movie/bi/mi/photoView.nhn?code=65068
https://movie.naver.com/movie/bi/mi/photoView.nhn?code=134963
https://movie.naver.com/movie/bi/pi/photoView.nhn?code=2468&imageNid=6265689#tab
https://movie.naver.com/movie/bi/mi/photoView.nhn?code=69991

• 60p. https://movie.naver.com/movie/bi/mi/photoView.nhn?code=140789
https://movie.naver.com/movie/bi/mi/photoView.nhn?code=109169
https://movie.naver.com/movie/bi/mi/photoView.nhn?code=66381
https://movie.naver.com/movie/bi/mi/photoView.nhn?code=98750
https://movie.naver.com/movie/bi/pi/photoView.nhn?code=2468&imageNid=6265689#tab

• 62p. https://movie.naver.com/movie/bi/mi/photoView.nhn?code=82473
https://movie.naver.com/movie/bi/mi/photoView.nhn?code=45938
https://movie.naver.com/movie/bi/mi/basic.nhn?code=50163
https://movie.naver.com/movie/bi/mi/photoView.nhn?code=118957
https://movie.naver.com/movie/bi/mi/photoView.nhn?code=23859
https://movie.naver.com/movie/bi/mi/photoView.nhn?code=83893
https://movie.naver.com/movie/bi/mi/photoView.nhn?code=121788
https://movie.naver.com/movie/bi/mi/photoView.nhn?code=158180
https://movie.naver.com/movie/bi/mi/photoView.nhn?code=60484
https://movie.naver.com/movie/bi/mi/photoView.nhn?code=76461
https://movie.naver.com/movie/bi/mi/photoView.nhn?code=130956
https://movie.naver.com/movie/bi/mi/photoView.nhn?code=164115

• 63p. https://movie.naver.com/movie/bi/mi/photoView.nhn?code=36992

CHAPTER 4

• 70p. 2 http://cartelen.louvre.fr/cartelen/visite?srv=car_not_frame&idNotice=1711&langue=en

• 75p. https://movie.naver.com/movie/bi/mi/photoView.nhn?code=183850
https://movie.naver.com/movie/bi/mi/photoView.nhn?code=36843
https://movie.naver.com/movie/bi/mi/photoView.nhn?code=60484

- **76p.** https://movie.naver.com/movie/bi/mi/photoView.nhn?code=45477
  https://movie.naver.com/movie/bi/mi/photoView.nhn?code=97612&imageNid=6624188#tab
  https://movie.naver.com/movie/bi/mi/photoView.nhn?code=38766
- **77p.** https://movie.naver.com/movie/bi/mi/photoView.nhn?code=25582#
- **78p.** https://movie.naver.com/movie/bi/mi/photoView.nhn?code=101950
  https://movie.naver.com/movie/bi/mi/photoView.nhn?code=16514
  https://movie.naver.com/movie/bi/mi/photoView.nhn?code=163788
- **79p.** https://movie.naver.com/movie/bi/mi/photoView.nhn?code=17465
  https://movie.naver.com/movie/bi/mi/basic.nhn?code=19076
  https://movie.naver.com/movie/bi/mi/photoView.nhn?code=34332
  https://movie.naver.com/movie/bi/mi/photoView.nhn?code=17290
- **81p.** https://movie.naver.com/movie/bi/mi/photoView.nhn?code=38766
  https://movie.naver.com/movie/bi/mi/photoView.nhn?code=114261
  https://movie.naver.com/movie/bi/mi/photoView.nhn?code=38766
- **82p.** https://movie.naver.com/movie/bi/mi/photoView.nhn?code=32588

CHAPTER 5

- **86p.** https://movie.naver.com/movie/bi/mi/photoView.nhn?code=78766
- **88p.** https://movie.naver.com/movie/bi/mi/photoView.nhn?code=67009
- **89p.** https://movie.naver.com/movie/bi/pi/photoView.nhn?code=217
  https://movie.naver.com/movie/bi/pi/photoView.nhn?code=279
- **90p.** https://movie.naver.com/movie/bi/pi/filmo.nhn?code=623&v=i
  https://movie.naver.com/movie/bi/pi/photoView.nhn?code=1017
  https://movie.naver.com/movie/bi/pi/photoView.nhn?code=1303
  https://movie.naver.com/movie/bi/pi/photoView.nhn?code=482
- **91p.** https://movie.naver.com/movie/bi/pi/photoView.nhn?code=99
  https://movie.naver.com/movie/bi/pi/photoView.nhn?code=784
  https://movie.naver.com/movie/bi/mi/photoView.nhn?code=64126
  https://movie.naver.com/movie/bi/mi/photoView.nhn?code=24830
- **92p.** https://movie.naver.com/movie/bi/mi/photoView.nhn?code=10106
  https://movie.naver.com/movie/bi/pi/photoView.nhn?code=509

https://movie.naver.com/movie/bi/pi/photoView.nhn?code=1000
https://movie.naver.com/movie/bi/pi/photoView.nhn?code=1465

- **93p.** https://movie.naver.com/movie/bi/pi/photoView.nhn?code=357
https://movie.naver.com/movie/bi/pi/photoView.nhn?code=838
https://movie.naver.com/movie/bi/mi/photoView.nhn?code=34970
https://movie.naver.com/movie/bi/pi/photoView.nhn?code=11979
- **94p.** https://movie.naver.com/movie/bi/mi/photoView.nhn?code=16121
https://movie.naver.com/movie/bi/mi/basic.nhn?code=43516
- **95p.** https://movie.naver.com/movie/bi/mi/photoView.nhn?code=10299
https://movie.naver.com/movie/bi/mi/photoView.nhn?code=16210
- **96p.** https://movie.naver.com/movie/bi/mi/photoView.nhn?code=45719
https://movie.naver.com/movie/bi/mi/photoView.nhn?code=19128

CHAPTER 6

- **99p.** https://movie.naver.com/movie/bi/mi/photoView.nhn?code=10018
https://movie.naver.com/movie/bi/mi/photoView.nhn?code=19500
https://movie.naver.com/movie/bi/mi/photoView.nhn?code=18489
- **100p.** https://movie.naver.com/movie/bi/mi/photoView.nhn?code=78726
https://movie.naver.com/movie/bi/mi/photoView.nhn?code=97612
https://movie.naver.com/movie/bi/mi/photoView.nhn?code=114249
- **101p.** https://movie.naver.com/movie/bi/mi/photoView.nhn?code=60484
- **102p.** https://movie.naver.com/movie/bi/mi/photoView.nhn?code=89218

CHAPTER 7

- **107p.** https://movie.naver.com/movie/bi/mi/photoView.nhn?code=13570
https://movie.naver.com/movie/bi/mi/photoView.nhn?code=53000
https://movie.naver.com/movie/bi/mi/photoView.nhn?code=53442
- **108p.** 1 https://movie.naver.com/movie/bi/mi/photoView.nhn?code=78766
2 https://movie.naver.com/movie/bi/mi/photoView.nhn?code=107935
3 https://movie.naver.com/movie/bi/mi/photoView.nhn?code=119457
4 https://movie.naver.com/movie/bi/mi/photoView.nhn?code=107935

7 https://movie.naver.com/movie/bi/mi/basic.nhn?code=52789
• **109p.** https://movie.naver.com/movie/bi/mi/photoView.nhn?code=122629
• **110p.** https://movie.naver.com/movie/bi/mi/photoView.nhn?code=70463
드리스 반 노튼 공식 인스타그램
마놀로 블라닉 공식 인스타그램
• **111p.** 파코라반 공식 인스타그램
이세이 미야케 공식 인스타그램
프라다 공식 인스타그램
• **112p.** 비비안 웨스트우드 공식 인스타그램
알렉산더 맥퀸 공식 인스타그램
구찌 공식 인스타그램

CHAPTER 8

• **114p.** https://research.britishmuseum.org/collectionimages/AN01608/AN01608916_001_l.jpg
• **115p.** 1 http://cartelen.louvre.fr/pub/en/image/x200_34042_AE006850.001.jpg
3 http://livinglifeinpeace.org/free-images-egypt/2018-06-14/
5 http://livinglifeinpeace.org/free-images-egypt/2018-06-14/
6 http://livinglifeinpeace.org/free-images-egypt/2018-06-14/
• **116p.** https://movie.naver.com/movie/bi/mi/photoView.nhn?code=13758
• **119p.** 3, 4 https://movie.naver.com/movie/bi/mi/photoView.nhn?code=37461
• **120p.** https://movie.naver.com/movie/bi/mi/photoView.nhn?code=37461
• **122p.** 3 https://upload.wikimedia.org/wikipedia/commons/thumb/e/eb/Statue-Augustus.jpg/800px-Statue-Augustus.jpg
• **123p.** 1, 2, 3, 4 https://movie.naver.com/movie/bi/mi/photoView.nhn?code=110332
5, 6 https://movie.naver.com/movie/bi/mi/photoView.nhn?code=29217
• **125p.** 1 런던 국립초상화미술관
2 https://ko.wikipedia.org/wiki/%EC%97%98%EB%A6%AC%EC%9E%90%EB%B2%A0%EC%8A%A4_1%EC%84%B8#/media/파일:Elizabeth1England.jpg
3 https://ko.wikipedia.org/wiki/%ED%97%A8%EB%A6%AC_8%EC%84%B8#/media/파일:Henry-VIII-kingofengland_1491-1547.jpg
4 콩데 미술관, 프랑스국립박물관연합(RMN)

- **126p.** https://movie.naver.com/movie/bi/mi/photoView.nhn?code=22012
- **128p.** 1 https://upload.wikimedia.org/wikipedia/commons/thumb/6/68/Marie-Antoinette_par_Elisabeth_Vig%C3%A9e-Lebrun_-_1783.jpg/800px-Marie-Antoinette_par_Elisabeth_Vig%C3%A9e-Lebrun_-_1783.jpg
  2 https://upload.wikimedia.org/wikipedia/commons/thumb/3/3d/Marie_Antoinette-children-1785-6-Wertmuller.jpg/800px-Marie_Antoinette-children-1785-6-Wertmuller.jpg
  3 https://upload.wikimedia.org/wikipedia/commons/thumb/1/17/Dress_and_Petticoat_%28Robe_a_la_Polonaise%29_LACMA_M.2007.211.720a-b.jpg/800px-Dress_and_Petticoat_%28Robe_a_la_Polonaise%29_LACMA_M.2007.211.720a-b.jpg
  4 https://upload.wikimedia.org/wikipedia/commons/thumb/9/98/Marie-Antoinette%2C_1775_-_Mus%C3%A9e_Antoine_L%C3%A9cuyer.jpg/800px-Marie-Antoinette%2C_1775_-_Mus%C3%A9e_Antoine_L%C3%A9cuyer.jpg
- **129p.** 2 https://upload.wikimedia.org/wikipedia/commons/c/cb/Man%27s_Frock_Coat_LACMA_M.79.245.3.jpg
  4 https://movie.naver.com/movie/bi/mi/photoView.nhn?code=45477
- **130p.** https://movie.naver.com/movie/bi/mi/photoView.nhn?code=45477
- **132p.** 1 https://ko.wikipedia.org/wiki/%EC%B5%9C%EC%8A%B9%ED%9D%AC#/media/파일:1936년_하계_올림픽_마라톤_우승_직후_최승희와_손기정.JPG
  2 https://movie.naver.com/movie/bi/mi/photoView.nhn?code=63156
  3 https://movie.naver.com/movie/bi/mi/photoView.nhn?code=38881
- **133p.** https://movie.naver.com/movie/bi/mi/photoView.nhn?code=88461

CHAPTER 9

- **137p.** 1, 2 국립중앙박물관
  3 국립민속박물관
  4 국립중앙박물관
  5 국립민속박물관
- **138p.** 1 문화재청
  2 국립민속박물관

- **140p.** 1, 2 국립민속박물관
- **142p.** 1~7 국립민속박물관
  8~11 국립중앙박물관
- **143p.** 1 국립중앙박물관
  2 국립민속박물관
- **144p.** 1 https://commons.wikimedia.org/w/index.php?search=%EC%8B%AC%EC%9D%98%98&title=Special%3ASearch&go=Go&ns0=1&ns6=1&ns12=1&ns14=1&ns100=1&ns106=1#/media/File:Joseon-Portrait_of_Heungseon_Daewongun-02.jpg
  2, 3, 4 국립민속박물관
  5, 6 국립중앙박물관
  7 국립민속박물관
- **145p.** 1, 2 국립민속박물관
  3 국립중앙박물관
  4 국립민속박물관
  5 한국민족대백과사전
- **146p.** 1~3 국립민속박물관
  4 국립중앙박물관
  5, 6 국립민속박물관
- **147p.** https://movie.naver.com/movie/bi/mi/photoView.nhn?code=36398
  https://movie.naver.com/movie/bi/mi/photoView.nhn?code=117774
  https://movie.naver.com/movie/bi/mi/photoView.nhn?code=36398
  https://movie.naver.com/movie/bi/mi/photoView.nhn?code=36398
- **148p.** 1 https://movie.naver.com/movie/bi/mi/photoView.nhn?code=60311
  2, 3 https://movie.naver.com/movie/bi/mi/photoView.nhn?code=117774
  4, 5 https://movie.naver.com/movie/bi/mi/photoView.nhn?code=83893

CHAPTER 10

- **152p.** 1~3 https://movie.naver.com/movie/bi/mi/photoView.nhn?code=10314
  4 https://upload.wikimedia.org/wikipedia/commons/8/8a/Empress_Wan_Rong.jpg
  5 https://upload.wikimedia.org/wikipedia/commons/a/ac/Ladies_of_Imperial_

Chinese_Court.jpg

- **154p.** https://movie.naver.com/movie/bi/mi/photoView.nhn?code=40135

INDEX

저자 소개

신혜원

서울대학교 대학원 의류학과 박사

뉴욕 FIT 수학

선경인더스트리 섬유연구소

현재 동국대학교 사범대학 가정교육과 교수

저서 | 의복과 현대사회, 패션, 의류소재의 이해와 평가, 특수소재 봉제품의 품질관리, 중·고등학교 교과서 의류재료관리, 기술·가정, 가정과학

김희라

동국대학교 대학원 가정학과 의류전공 박사

동국대학교, 인천대학교 강사

현재 동국대학교 사범대학 가정교육과 겸임교수

저서 | 의복과 현대사회, 패션

영화로 만나는 패션

2019년 12월 16일 초판 인쇄 | 2019년 12월 20일 초판 발행

지은이 신혜원·김희라 | **펴낸이** 류원식 | **펴낸곳** **교문사**

편집부장 모은영 | **책임진행** 모은영 | **표지디자인** 김재은 | **본문편집** 벽호미디어
제작 김선형 | **홍보** 이솔아 | **영업** 정용섭·송기윤·진경민 | **출력·인쇄** 삼신인쇄 | **제본** 한진제본

주소 (10881)경기도 파주시 문발로 116 | **전화** 031-955-6111 | **팩스** 031-955-0955
홈페이지 www.gyomoon.com | **E-mail** genie@gyomoon.com
등록 1960. 10. 28. 제406-2006-000035호
ISBN 978-89-363-1881-9(93590) | **값** 11,000원

* 저자와의 협의하에 인지를 생략합니다.
* 잘못된 책은 바꿔 드립니다.